建筑装饰装修工程管理丛书

建筑装饰装修工程
创 优 策 划 与 指 引

陆 军 叶远航 周 洁 孙志高 主编

中国建筑工业出版社

图书在版编目（CIP）数据

建筑装饰装修工程创优策划与指引/陆军等主编
. — 北京：中国建筑工业出版社，2024.3
（建筑装饰装修工程管理丛书）
ISBN 978-7-112-29669-9

Ⅰ.①建… Ⅱ.①陆… Ⅲ.①建筑装饰－工程装修
Ⅳ.① TU767

中国国家版本馆 CIP 数据核字 (2024) 第 056049 号

责任编辑：徐仲莉　王砾瑶
责任校对：赵　力

建筑装饰装修工程管理丛书
建筑装饰装修工程创优策划与指引
陆　军　叶远航　周　洁　孙志高　主编
＊
中国建筑工业出版社出版、发行（北京海淀三里河路 9 号）
各地新华书店、建筑书店经销
北京海视强森文化传媒有限公司制版
临西县阅读时光印刷有限公司印刷
＊
开本：880 毫米 × 1230 毫米　1/32　印张：4⅛　字数：122 千字
2024 年 4 月第一版　2024 年 4 月第一次印刷
定价：**68.00** 元
ISBN 978-7-112- 29669-9
　　　（42349）

本书编写委员会

主　　　　编：陆　军　叶远航　周　洁　孙志高

主要参编人员：周晓聪　张德扬　蒋祖科　吉荣华

　　　　　　　陈锦泉　朱俊平　林永华　陈纯伟

　　　　　　　曹建华　谭生荣　周　亮　赵晓冬

Foreword

前言

　　质量是工程的生命线，也是工程企业的生命线！优秀的质量是保证项目安全可靠的基石，是确保项目运维成本和经济效益的最优支柱。精品工程创奖是当代工程企业立足潮头、拓展品牌的关键。

　　精品工程奖的评选为建筑行业质量管理树立了品质标杆，推动了企业科技进步和管理创新，促进了企业核心竞争力的升级。何为精品工程？首先，结构安全耐久、功能稳定可靠、装饰实用美观；其次，设计合理、技术创新、节能环保、管理科学、效益显著。精品工程创奖需要将工程项目像制作工艺品一样不断地切磋琢磨。要明确坚定的创优目标，配备强力的创优组织，树立全面的创优意识，建立有效的质量体，制定详尽的创优策划；过程中要做好工程亮点的实施与质量通病的防治，坚持工程资料与实体的同步完善，推广"四新"技术的应用，注重绿色施工的管理等工作。

　　我国国家级精品工程奖项有"鲁班奖""国家优质工程奖""詹天佑奖"以及"中国建筑工程装饰奖"，各省市、各部委也有相关的各类工程质量奖项。本书着重就装饰装修工程，分别介绍了各类奖项与评选方法、创优策划要点、强制性规范条文、工程资料管理，以及创优迎检工作的流程、工程实体与资料复查的重点注意事项等相关内容。

　　编写本书的初衷是用来指导和促进所属企业的创优工作，并希望能为装饰同行的创优工作有所借鉴。因编者水平所限，难免有疏漏之处，敬请广大同仁批评指正。

陆　军

2023 年 11 月 1 日于福州

Contents

目录

第 1 章

创优奖项及评选方法

1.1 奖项设置

1.1.1 国优奖项设置（表1-1）

国优奖项　　　　　　　表1-1

序号	奖项名称	协会名称	备注
1	中国建设工程鲁班奖（国家优质工程）	中国建筑业协会	建筑行业质量最高荣誉奖
2	中国建筑工程装饰奖	中国建筑装饰协会	建筑装饰行业最高荣誉奖
3	国家优质工程奖	中国施工企业管理协会	国家级质量奖
4	中国土木工程詹天佑奖	中国土木工程学会	科技创新与新技术应用最高奖

1.1.2 省优奖项设置（表1-2）

省优奖项　　　　　　　表1-2

序号	省市（自治区）	装饰协会奖项名称（简称）	建筑业协会奖项名称（简称）
1	北京市	北京市优	"长城杯"
2	上海市	上海市优	"白玉兰"
3	天津市	装饰海河杯	"海河杯"
4	重庆市	重庆市优质建筑装饰工程奖	"巴渝杯"
5	安徽省	安徽省建筑工程装饰奖	"黄山杯"
6	福建省	装饰闽江杯	"闽江杯"
7	山西省	三晋杯	"汾水杯"
8	山东省	装饰泰山杯	"泰山杯"
9	海南省	海南省建筑工程装饰奖	"绿岛杯"
10	河北省	河北省建筑工程装饰奖	"安济杯"
11	河南省	装饰中州杯	"中州杯"
12	江苏省	紫金杯	"扬子杯"
13	陕西省	陕西省建筑工程装饰奖	"长安杯"
14	四川省	四川省优装饰工程奖	"天府杯"

序号	省市（自治区）	装饰协会奖项名称（简称）	建筑业协会奖项名称（简称）
15	新疆维吾尔自治区	—	"天山奖"
16	云南省	云南省优质工程奖	"云南省优质工程奖"
17	广东省	广东省优秀建筑装饰工程奖	"金匠奖"
18	广西壮族自治区	广西壮族自治区建筑装饰工程优质奖	"真武阁杯"
19	湖南省	—	"芙蓉奖"
20	湖北省	湖北省优质建筑装饰工程	"楚天杯"
21	浙江省	浙江省优秀建筑装饰工程奖	"钱江杯"
22	江西省	江西省建筑装饰优良工程奖	"杜鹃花杯"

1.1.3 奖项申报流程

优质工程申报流程：县市级优质工程→市级优质工程→省级优质工程→国家级优质工程。例如，"榕城杯"（福州市）→"闽江杯"（福建省）→中国建筑工程装饰奖（国家级）。

1.2 奖项简介及评选办法

1.2.1 "鲁班奖"

1.2.1.1 奖项简介

"中国建设工程鲁班奖（国家优质工程）"（简称"鲁班奖"），原名"建筑工程鲁班奖"（图1-1），是原中国建筑业联合会为贯彻执行"百年大计、质量第一"的方针，促进我国建筑工程质量的全面提高，争创国际先进水平，在建设部的支持下，于1987年

图1-1 "鲁班奖"

创立。

"鲁班奖"每两年评选一次，获奖工程数额为240项。获奖工程的类别分为住宅工程与公共建筑工程。原则上按公共建筑工程占获奖总数的45%；工业、交通、水利工程占获奖总数的35%；住宅工程占获奖总数的12%；市政、园林工程占获奖总数的8%的比例设立。

1.2.1.2　评选范围

1. 评选"鲁班奖"的工程，必须是符合基本建设程序，并已建成投产或使用的新建工程。主要包括：

（1）工业建设项目（包括土建和设备安装）；

（2）交通工程；

（3）水利工程；

（4）公共建筑和市政、园林工程；

（5）住宅工程（包括住宅小区和高层住宅）。

2. 工程规模（详见《中国建设工程鲁班奖（国家优质工程）评选办法》）应符合下列要求：

（1）建筑面积5万 m^2 以上（含）的住宅小区或住宅小区组团；

（2）非住宅小区内的建筑面积为3万 m^2 以上（含）的单体高层住宅。

3. 下列工程不列入评选工程范围：

（1）我国建筑施工企业承建的境外工程；

（2）境外企业在我国境内承包并进行施工管理的工程；

（3）竣工后被隐蔽难以检查的工程；

（4）保密工程；

（5）有质量隐患的工程；

（6）已经参加过"鲁班奖"评选而未被评选上的工程。

1.2.1.3　申报条件

1. 中国建筑业协会每年根据各省、自治区、直辖市和国务院各有关部门（总公司）的竣工工程数量及完成固定资产投资情况，确定各省、自治区、直辖市和各有关部门（总公司）"鲁班奖"的参评工程数量。

2. 申报"鲁班奖"的工程应具备以下条件：

（1）工程设计合理、先进，符合国家和行业设计标准、规范；建在城市规划区内的工程必须符合城市规划。

（2）工程施工符合国家和行业施工技术规范及有关技术标准要求，质量（包括土建和设备安装）优良，达到国内同类型工程先进水平。

（3）建设单位已经对工程进行验收。

（4）工程竣工后经过一年以上的使用检验，没有发现质量问题和隐患。

（5）工业、交通工程除符合以上各条款条件外，其各项技术指标和经济效益指标应达到本专业国内先进水平。

（6）住宅小区工程除符合以上（1）至（4）款要求外，还应具备以下条件：

1）总体设计符合城市规划和环境保护等有关标准、规定的要求；

2）公共配套设施均已建成；

3）所有单位工程质量全部达到优良。

（7）住宅工程应达到基本入住条件，且入住率在 40% 以上。

3. 申报"鲁班奖"的主要承建单位，应具备以下条件：

（1）在以安装工程为主体的工业建设项目中，承担了主要生产设备和管线、仪器、仪表的安装；在以土建工程为主体的工业建设项目中，承担了主厂房和其他与生产相关的主要建筑物、构筑物的施工。

（2）在交通、水利、市政和园林工程中，承担了主体工程和工程主要部位的施工。

（3）在公共建筑和住宅工程中，承担了主体结构和部分装修装饰的施工。

4. 一项工程允许有三家建筑施工企业申请作为"鲁班奖"的主要参建单位。主要参建单位应具备以下条件：

（1）与总承包企业签订了分包合同；

（2）完成的工作量占工程总量的 10% 以上；

（3）完成的单位工程或分部工程的质量全部达到优良。

5. 两家以上建筑施工企业联合承包一项工程，并签订有联合承包合同，可以联合申报"鲁班奖"。住宅小区或小区组团如果由多家建筑施工企业共同完成，应由完成工作量最多的企业申报。如果多家企业完成的工作量相同，可由小区开发单位申报。一家建筑施工企业在一年内只可申报一项"鲁班奖"工程。发生过重大质量事故，受到省、部级主管部门通报批评或资质降级处罚的建筑施工企业，三年内不允许申报"鲁班奖"。

1.2.1.4 申报程序和申报资料

1. "鲁班奖"的申报程序：

（1）地方建筑施工企业向所属省、自治区、直辖市建筑业协会申报；国务院各有关部门（总公司）所属建筑施工企业向其主管部门建设协会申报；未成立协会的，可向该主管部门的有关司（局）申报。

（2）申报"鲁班奖"的主要参建单位，由主要承建单位一同申报。

（3）国务院各有关部门（总公司）所属建筑施工企业申报的工程，应征求工程所在省、自治区、直辖市建筑业协会的意见；地方建筑施工企业申报的专业性工程（包括市政工程），应征求国务院有关部门或专业协会的意见。

（4）各省、自治区、直辖市建筑业协会和国务院各有关部门建设协会依据相关办法对企业申报"鲁班奖"的有关资料进行审查（包括有无主要参建单位），并在《鲁班奖申报表》中签署对工程质量的具体评价意见，并盖公章，正式向中国建筑业协会推荐。推荐两项以上（含）工程时，应在有关文件中注明被推荐工程的次序。

（5）对于被征求意见的有关省、自治区、直辖市建筑业协会或国务院有关部门（总公司）建设协会，应在《鲁班奖申报表》中相应栏内签署对工程质量的具体意见。

2. 中国建筑业协会依据相关办法对被推荐工程的申报资料进行初审，并将没有通过初审的工程告知推荐单位。

3. 申报资料的内容和要求。

（1）内容

1）申报资料总目录，并注明各种资料的份数；

2）《鲁班奖申报表》一式两份；

3）工程项目计划任务书的复印件1份；

4）工程设计水平合理、先进的证明文件（原件）或证书复印件 1 份；

5）工程概况和施工质量情况的文字资料一式两份；

6）评选为省、部级优质工程或省、部门范围内质量最优工程的证件复印件 1 份；

7）工程竣工验收资料复印件 1 份；

8）总承包合同或施工合同书复印件 1 份；

9）主要参建单位的分包合同和主要分部工程质量等级核验资料复印件各 1 份；

10）能反映工程概貌并附文字说明的工程各部位彩照 20 张；

11）有解说词的工程录像带一盒（或多媒体光盘）。

（2）要求

1）必须使用由中国建筑业协会统一印制的《鲁班奖申报表》，复印的《鲁班奖申报表》无效。表内签署意见的各栏，必须写明对工程质量的具体评价意见。对未签署具体评价意见的，视为无效。

2）申报资料中提供的文件、证明和印章等必须清晰，容易辨认。

3）申报资料必须准确、真实，并涵盖所申报工程的全部内容。资料中涉及建设地点、投资规模、建筑面积、结构类型、质量评定、工程性质和用途等数据和文字必须与工程一致。如有差异，要有相应的手续和文件说明。

4）工程录像带的内容应包括：工程全貌，工程竣工后的各主要功能部位，工程施工中的基坑开挖、基础施工、结构施工、门窗安装、屋面防水、管线敷设、设备安装、室内外装修的质量水平介绍，以及能反映主要施工方法和体现新技术、新工艺、新材料、新设备的措施等。

1.2.2　中国建筑工程装饰奖

1.2.2.1　奖项简介

中国建筑工程装饰奖（原全国建筑工程装饰奖）（简称"装饰奖"）是由中国建筑装饰协会主办的评选活动，此奖项作为住房和城乡建设部批准设立的中国建筑装饰行业的最高荣誉奖，每年评选一次（图 1-2）。

图 1-2 "装饰奖"

"装饰奖"的建筑装饰工程应当是设计与施工的完美结合，符合室内环境污染控制规范要求，设计创意和施工工艺达到国内先进水平的装饰精品，包括新建、改建、扩建的各类公共建筑装饰工程。"装饰奖"由该建筑装饰工程项目的主要承建单位申报，并经工程所在地省、自治区、直辖市建筑装饰协会或委托单位推荐。

各地区根据分配的申报名额进行推荐，同一申报单位申报的建筑装饰工程项目在全国范围内不得超过三个，在同一省、自治区、直辖市内不得超过两个。

"装饰奖"包括公共建筑装饰类、公共建筑装饰设计类、建筑幕墙类。为控制获奖工程的质量与数量，本着优中选优的原则，"装饰奖"主承建项目（公共建筑装饰类与建筑幕墙类合并计算，公共建筑装饰设计类不算指标）按企业分配指标申报，但申报工程数量不是最终获奖工程数量。

1.2.2.2 评选范围

1. 各类公共建筑装饰工程项目，总体建筑装饰工程施工达到优良，装饰工程的面积不低于 $5000m^2$，或装饰工程造价不低于 1000 万元（不含设备）。

2. 古建筑、保护性文物建筑（含近现代文物建筑）的修复性建筑装饰工程和纪念性建筑装饰工程，装饰工程的面积不低于 $1000m^2$。

3. 各类建筑幕墙工程作为建筑装饰工程的一个重要组成部分，单独申报，包括构件式建筑幕墙、单元式建筑幕墙、点支式玻璃幕墙等，要求建筑幕墙工程造价不低于 1000 万元。

4. 在当地确属优秀，达到国内先进水平，并有相当独特的创意，在国内具有很高的知名度，工程面积或造价达不到上述要求的建筑装饰工程，经省、自治区、直辖市或委托单位向中国建筑装饰协会申述申报理由后，方可申报，但总数不得超过全国总名额的 5%。申报条件中，相应面积或造价指标达到两倍以上的总体建筑装饰工程，可由两个以上主要承建单位进行申报，按规定和要求单独申报各自的部分。

5. 主承建及并列承建单位均需单独报送相应的申报资料。无主承建奖申报的工程不得单独申报并列承建奖。

6. 申报公共建筑装饰设计奖"装饰奖"、建筑幕墙和金属屋面（含采光顶）的单位，单独填写申报表，报送相应的申报资料。无承建奖申报的工程不得单独申报设计奖。

1.2.2.3 申报条件

1. 申报的建筑装饰工程必须通过竣工验收并使用一年以上，且已通过消防验收和环保检测并达到节能要求，无工程施工质量问题和事故隐患。验收时，有整改内容的工程应完成整改后并达到合格。境外建筑装饰工程应符合工程所在国（地区）的有关质量安全方面的规范和相关法规，并取得相应的合规批准文件及验收证明。

2. 申报的建筑装饰工程所使用的各种材料应符合国家相关规定，符合国家室内外环境控制指标。申报工程应根据国家标准进行室内环境污染检测。

3. 申报的建筑装饰工程必须符合国家节能减排的相关标准。

4. 申报单位应具有建设行政主管部门颁发的相应工程施工、设计的资质证书，且与有关单位签订有效的建筑装饰施工合同。申报单位应通过质量体系认证，并有相应的部门和人员落实认证措施。

5. 为推动建筑装饰行业实施创新驱动发展战略，激发建筑装饰企业科技创新活力，评估和推广应用科技创新成果，如"装饰奖"申报项目已获得中国建筑装饰协会科技创新成果，可予以加分。

6. 申报单位必须为中国建筑装饰协会会员单位。

7. 下列为不列入评选范围，包括：

（1）中国企业在境外施工的工程暂不列入评选范围；

（2）竣工后被隐蔽或无法进行现场复查的工程；

（3）工程有质量隐患的；

（4）未通过质量和消防验收的工程；

（5）已经参加过"装饰奖"评选而未被评选上的工程；

（6）工程竣工投入使用不到一年的工程。

1.2.2.4　申报程序和申报资料

1."装饰奖"的申报程序：

（1）符合"装饰奖"申报范围和条件的工程，由建筑装饰工程项目的施工、设计单位从网上下载"装饰奖"申报表，按要求填写完整；

（2）各省、自治区、直辖市建筑装饰协会负责接收"装饰奖"的申报，并对申报材料进行认真初评，优中选优，在当地公示15日后，如无异议，出具正式推程文件，并将所有申报表报送至中国建筑工程装饰奖办公室，同时登录中国装饰施工网进行网上申报；

（3）省、自治区、直辖市建筑装饰协会，对本地区推荐的工程项目进行排序，并说明排序意见；

（4）我国企业在境外施工的工程，直接报送中国建筑装饰协会。

2."装饰奖"的申报资料和要求：

需要书面申报的资料（递送）：

（1）《中国建筑工程装饰奖申报表》（详见中国建筑工程装饰奖评选办法）一份，分为公共建筑装饰类、公共建筑装饰设计类、建筑幕墙类，由申报单位根据附件样表及填表说明，用计算机A4幅面双面打印填写，单独成册，申报表中需粘贴一张二寸工程项目经理或设计师的彩色照片，申报表请勿装裱，并附上中国建筑装饰协会会员证书复印件和企业信用等级证书复印件。

（2）境外建筑装饰工程必须有由业主方出具同意推荐并同意复查的函件，工程立项、开工、竣工验收文件，业主国（地区）消防部门的验收文件，工程监理单位的推荐文件，我国涉外机构出具的批准文件。境外工程的所有资料均应翻译成中文。

（3）建筑幕墙企业申报的资料 [包括申报表、申报单位的营业执照、资质证书，安全生产许可证、质量体系认证的证书、工程施工合同书、工程的结算书、工程施工许可证，工程竣工验收合格、消防验收合格，幕墙五性试验报告、结构胶相容性试验报告、锚固栓拉拔试验报告和幕墙计算书（建筑幕墙），有关节能合格的证明、建筑幕墙设计师的职称证书、身份证的复印件]。

（4）电子文件

申报中国建筑工程装饰奖（公共建筑装饰类，建筑幕墙类），请将三个部分、五个文件夹的资料电子文件做成电子文档，提交 U 盘。

1）三个部分的资料电子文件包括：

①申报表（电子版无须公章）。

②获奖工程图集需提交资料内容：

文字资料部分：承建单位（Constructed by）、工程名称（Project）、承建范围（Coverage）。

工程简介：申报项目的简介，80 ～ 150 字，配英文。

照片：4 ～ 8 张备选的工程项目照片，如无实景照片的可提供工程效果图，照片或者效果图要能反映装修特色。照片本身要求清晰、光线明暗合适、色彩饱和、像素要求 300 万以上。申报建筑幕墙有金属屋面工程时要提供近期（三个月）的现场照片，内容包括：采光顶与金属屋面的局部俯拍照片，天沟、落水口、檐口、直立锁边板的搭接处照片，金属板可伸缩端的节点照片。

③其他工程信息。

工程的施工组织设计文件（Word 文本）；

工程主要部位的竣工平面图、立面图和节点图，以及深化设计和修改证明文件（2 ～ 5 张）；

工程 PPT 文件（用于工程复查时受检单位向专家组介绍所报项目）。内容应包括：工程全貌、必备资料图片、申报范围、工程竣工后的主要功能部位，工程施工中的结构状况、卫生间防水、装配施工、管线敷设等过程隐蔽施工图片，室内装修的质量水平介绍，以及能反映主要施工方法和体现新技术、新工艺、新材料、新设备的措施等方面的创新点和推广点。

2）五个文件夹电子文件。

每项工程首先需要单独建立一个总文件夹，文件名格式为："公司名称 – 工程名称"。总文件夹打开后下设以下 5 个文件夹，文件名格式如下：

①申报表 – 公司名称 – 工程名称；

②工程图集 – 公司名称 – 工程名称（此文件夹下设工程简介及工程照片）；

③施工组织设计 – 公司名称 – 工程名称；

④竣工图 – 公司名称 – 工程名称；

⑤PPT汇报文件 – 公司名称 – 工程名称。

3）申报中国建筑工程装饰奖（公共建筑装饰设计类），请将以下部分的资料电子文件做成电子文档，提交U盘。

①申报表（电子版无须公章）。

②申报方案设计的尚需提供：装饰工程所在地建筑情况、设计范围、设计构想及创意、设计的风格及特点、方案设计图（包括平面图，主要部位立面、剖面图）、主要部位效果图各一张。

③申报深化设计的尚需提供：装饰工程所在地建筑情况；设计范围；设计构想及创意；设计的风格及特点；新技术、新工艺、新材料的使用；水、电、暖、空、智能等各专业设计；设计的经济和社会效益；其他应说明的情况。

另附：

①承接部分的总平面图1张（标注设计范围）；

②建筑装饰装修室内、外设计的平面、立面、剖面图（应能够反映建筑物内部的交通组织、防火分区、设备设置等情况）6～10张；

③水、电、暖、通等专业的系统图及设计总说明各2～3张；

④采用新技术、新材料、新工艺的有关情况及相应的图纸资料若干张。

需在网上申报的资料（详见中国装饰施工网）：

（1）填写在线申报表。

（2）申报单位的营业执照、资质证书、安全生产许可证、工程施工合同书（只上传合同的主要部分，如首页合同签署方、合同承建范围、开工时间、竣工时间、工程造价、有乙方项目经理页及签字盖章页）、工程的结算书（《工程审价审定单》），若尚未结算，须提供甲方出具的证明文件或已结款项审定单（累计）。

（3）工程施工许可证，工程竣工验收合格、消防验收合格、室内环境污染检测合格证明。

（4）工程项目经理的资质证书（包括建造师或项目经理）和安全生产考核合格证，设计师的职称证书、身份证。

（5）所有申报资料概不退还，请各申报单位将原件自行留底，以备工程复查时查验。

1.2.3 国家优质工程奖

1.2.3.1 奖项简介

国家优质工程奖（图1-3）是中华人民共和国优质产品奖（简称国家质量奖）的一部分，是工程建设质量方面的最高荣誉奖励。国家优质工程奖是工程建设行业设立最早、规格要求最高、奖牌制式和国家优质产品奖统一的国家级质量奖，评选范围涵盖建筑、铁路、公路、化工、冶金、电力等工程建设领域的各个行业，评定的内容从工程立项到竣工验收形成工程质量的各个工程建设程序和环节，评定和奖励（颁发

图1-3　国家优质工程奖

奖牌和奖状）的单位有建设、设计、监理、施工等参与工程建设的相关企业。

国家优质工程奖评审工作由国家工程建设质量奖评审委员会（以下简称评审委员会）负责专业技术审查并提出最终推荐名单，中国施工企业管理协会会长办公会议决定获奖项目，中国施工企业管理协会颁布。凡在中华人民共和国境内注册登记的企业建设的工程项目均可参与国家优质工程奖评选活动。

1.2.3.2 评选范围

1. 参与国家优质工程奖评选的项目应符合法定建设程序，并且是具有独立生产能力和完整使用功能的新建、扩建和大型技改工程。主要包括：

（1）工业建设项目：冶金、有色金属、煤炭、石油、天然气、石油化工、化学工业、电力工业、核工业、建材等；

（2）交通和水利以及通信工程：公路、铁路、桥梁、隧道、机场、港口、内河航运、水利、通信等；

（3）市政园林工程：城市道路、立交桥、高架桥、城市隧道、轨道交通、自来水厂、污水处理厂、垃圾处理厂、园林建筑等；

（4）建筑工程参与评选的工程规模；

（5）建筑面积 3000 m^2（含）以上的古建筑修缮、历史遗迹重建工程；

（6）建筑面积超过 3 万 m^2 的其他单体公共建筑工程或者建筑面积超过 6 万 m^2 的其他群体建筑工程，西部地区建筑面积超过 2 万 m^2 的其他单体公共建筑工程或者建筑面积超过 4 万 m^2 的其他群体建筑工程；

（7）建筑面积超过 15 万 m^2 的住宅小区工程，西部地区超过 10 万 m^2 的住宅小区工程，小区内公建、道路、生活设施配套齐全、合理，庭院绿化符合要求，物业管理优良。

除前款规定外，投资额在 3 亿元（含）以上的完整工业建设项目；投资额在 2 亿元（含）以上的完整交通工程（不含二级及以下公路）、完整市政和园林工程；投资额在 1 亿元（含）以上，科技含量高、设计理念先进、施工工艺新颖、社会效益显著，能代表本行业建设领先水平并具有重要历史意义的工程项目，经秘书处审核可以列入评选范围。

2. 以下工程不列入评选范围：

（1）国内外使、领馆工程；

（2）由于设计、施工等原因而存在质量、安全隐患、功能性缺陷的工程；

（3）工程建设及运营过程中发生过一般及以上质量事故、一般及以上安全事故和重大环境污染事故的工程；

（4）虽已正式竣工验收，但还有甩项未完的工程。

1.2.3.3　申报条件

1. 参与国家优质工程奖评选的项目，其设计水平、科技含量、节能环保、施工质量、综合效益应达到同期国内领先水平，并已获得省部级（含）以上的工程质量奖和优秀设计奖。

未能参与省部级（含）以上优秀设计奖评选的工程项目，中国施工企业管理协会组织专家进行设计水平评审，对优秀设计项目以适当形式予以表彰，并可作为国家优质工程奖的评选依据。

未能参与省部级（含）以上工程质量奖和优秀设计奖评选的境外工程，由中国施工企业管理协会认定的相应机构提供能说明工程质量和设计水平的证明材料。

2. 参与国家优质工程奖评选的项目，必须按照《中华人民共和国招标投标法》及相关法律、法规规定，选择勘察设计、施工、监理单位，落实诚信建设有关要求，严格执行国家相关行业管理规定和政策。

3. 参与国家优质工程奖评选的项目应通过竣工验收并投入使用一年以上四年以内。其中，住宅项目竣工后投入使用满三年，入住率在 90% 以上。

4. 参与国家优质工程奖评选的项目，应制定有明确的国家优质工程奖创优目标和切实可行的创优计划，质量管理体系健全。

本着绿色环保、生态文明，创建资源节约型、环境友好型社会的原则，把节能、环保的要求落实到工程建设的每一个环节。

5. 国家优质工程奖获奖项目依评选办法产生。其中，符合以下条件的工程，可授予国家优质工程金质奖荣誉：

（1）关系国计民生，在行业内具有一定的规模和代表性；

（2）设计理念先进，达到国家级优秀设计水平；

（3）取得显著的科技进步，应用属于国际领先水平的科技成果；

（4）坚持节约资源和保护环境基本国策，节能、环保等主要技术经济指标优于行业其他同类工程；

（5）建立健全质量管理体系，技术手段先进，总结出独特的、可复制的、可推广的质量管理模式；

（6）取得显著的经济效益，属于同时期国内同类项目领先水平；

（7）推动产业升级、行业或区域经济发展贡献巨大，促进社会发展和综合国力提升影响突出。

前款中第（3）项、第（4）项需有查新材料证明。

6. 由中国施工企业管理协会组织的全过程质量控制项目，评选时按照"同等优先"原则办理。

1.2.3.4 申报程序和申报资料

1. 参与国家优质工程奖评选的项目由下列单位推荐：
（1）各行业工程建设协会；
（2）各省、自治区、直辖市及计划单列市建筑业（工程建设）协会；
（3）经中国施工企业管理协会认定的国务院国资委监督管理的中央企业或者其他机构。

2. 参与国家优质工程奖评选的项目，应由一个主申报单位（建设、工程总承包或施工单位）进行申报。由多个标段组成或者多家施工企业共同完成的工程可指定其中一个单位作为主申报单位，其他参与工程建设的单位由主申报单位一并上报。鼓励建设单位作为主申报单位。

3. 国家优质工程奖的申报依照下列程序：
（1）申报工程通过推荐单位参与国家优质工程奖评选。其中，专业工程按所属行业申报、房屋建筑工程按地域申报；跨行业或者跨地区申报的，应当征求所属行业或者工程所在地区推荐单位的意见。中央企业所属申报单位可以通过集团总公司向中国施工企业管理协会推荐。
（2）各推荐单位须根据评选办法对参与评选的项目、申报的材料按要求进行认真检查、审核，并分别征求除主申报单位外参与该工程建设的各单位及工程项目主管部门的意见。
（3）各推荐单位在《国家优质工程奖申报表》中签署对申报单位的认定意见和对申报工程奖项类别的推荐意见，并出具正式推荐函。
（4）各推荐单位审核及签署意见后，由主申报或者推荐单位将申报国家优质工程奖的申报材料报送到中国施工企业管理协会。

1.2.4 "詹天佑奖"

1.2.4.1 奖项简介

"詹天佑奖"全称为"中国土木工程詹天佑奖"（图1-4），

是中国土木工程领域设立的最高奖项。该奖是经住房和城乡建设部认定、并经科技部首批核准登记，由中国土木工程学会、詹天佑土木工程科技发展基金会联合设立，在土木工程建设领域组织开展的，以表彰奖励科技创新与新技术应用成绩显著的工程项目为宗旨的重要奖项。奖项涵盖了建筑、桥梁、铁道、隧道、轨道交通、公路、港口、水运、水利、市政、住宅小区等土木工程行业的各个领域。

图1-4　"詹天佑奖"

1.2.4.2　评选范围

本奖项评选范围包括下列各类工程：

1. 建筑工程（含高层建筑、大跨度公共建筑、工业建筑、住宅小区工程等）；

2. 桥梁工程（含公路、铁路及城市桥梁）；

3. 铁路工程；

4. 隧道及地下工程、岩土工程；

5. 公路及场道工程；

6. 水利、水电工程；

7. 水运、港工及海洋工程；

8. 城市公共交通工程（含轨道交通工程）；

9. 市政工程（含给水排水、燃气热力工程）；

10. 特种工程（含军工工程）。

1.2.4.3　申报条件

申报本奖项的单位必须是中国土木工程学会团体会员。申报本奖项的工程需具备下列条件：

1. 必须在勘察、设计、施工以及工程管理等方面有所创新和突破（尤其是自主创新），整体水平达到国内同类工程领先水平；

2. 必须突出体现应用先进的科学技术成果，有较高的科技含量，具有一定的规模和代表性；

3. 必须贯彻执行"适用、经济、绿色、美观"的建筑方针，突出建筑使用功能以及节能、节水、节地、节材和环境保护等可持续发展理念；

4. 工程质量必须达到优质工程；

5. 必须通过竣工验收。对建筑、市政等实行一次性竣工验收的工程，必须是已经完成竣工验收并经过一年以上使用核验的工程；对铁路、公路、港口、水利等实行"交工验收或初验"与"正式竣工验收"两阶段验收的工程，必须是已经完成"正式竣工验收"的工程。

1.2.4.4 申报程序和申报资料

1. 提名程序

根据前文所列的评选范围及申报条件，各相关单位组织对所属专业领域（地区）的工程项目进行遴选后推荐，每家推荐单位最多可以推荐参选工程三项。

（1）建设、交通、水利、铁道等有关部委（单位）主管部门；

（2）省、自治区、直辖市土木工程学会或土木建筑学会（会同当地建设行政主管部门），港澳台地区受委托的相应组织；

（3）中国土木工程学会专业分会（委员会）；

（4）中国建筑工程总公司、中国交通建设集团、中国铁路工程总公司、中国铁道建筑总公司等业内大型企业。

2. 申报资料

在推荐单位同意推荐的条件下，由参选工程的主要完成单位（报奖单位）共同协商填报"参选工程推荐申报书"并提交相关的申报材料（详见《中国土木工程詹天佑奖评选办法》）。由第一报奖单位（即主申报单位）负责协调并提交推荐申报书及相关申报材料，并负责日后与各家报奖单位的联系和沟通。

1.2.5 省级装饰奖——以 "闽江杯"为例

1.2.5.1 奖项简介

"闽江杯"是福建省为推动本省装饰行业整体水平的不断提高而设立的建筑装饰工程最高荣誉奖，代表设计创意和施工工艺达到福建省内先进水平的装饰精品，全称为"福建省建筑装饰优质工程闽江杯奖"，简称"闽江杯"（图1-5）。

图1-5 "闽江杯"

"闽江杯"每两年评选一次，由福建省工程建设质量安全协会、福建省建筑业协会联合主办，由福建省建筑业协会每年组织评审一次。

1.2.5.2 评选范围

1. "闽江杯"的申报范围应符合下列规定：

（1）公共建筑（不含设备，计装修工程面积）建筑面积在3000m² 及以上或合同造价在600万元以上；

（2）住宅精装修（单位工程）建筑面积在10000m² 及以上或合同造价在2000万元以上；

（3）整体性古建筑（不含设备，计装修工程面积）建筑面积在1000m² 及以上或合同造价在300万元以上；

（4）幕墙工程（单位工程）建筑面积在6000m² 及以上或合同造价在600万元以上。

2. 不属于"闽江杯"申报范围的工程：

（1）未备案登记或被取消备案登记资格的工程；

（2）曾参加"闽江杯"省优质工程奖评选，但未获奖的工程；

（3）军事工程及保密工程；

（4）各级监管部门发出的涉及结构安全或重大使用功能问题或因为质量问题而被记入部、省、市不良记录的工程；

（5）恶意拖欠工程款和农民工工资的工程；

（6）法律法规规定的其他不能申报的工程。

1.2.5.3 申报条件

1. 申报"闽江杯"省优质专业工程奖的工程，应符合建设程序、经竣工验收，具备生产能力或使用功能的新建、改建和扩建的工程，并且是完整的专业工程。

2. 申报"闽江杯"省优质专业工程奖的工程，工程规模和工程质量标准应符合《福建省"闽江杯"优质专业工程奖评审办法（2017年修订）》的规定。

3. 申报"闽江杯"省优质专业工程奖的工程，应符合《工程建设标准强制性条文》的有关规定，且无结构或安全隐患和明显的使用功能缺陷。工程设计合理、先进，工程施工质量应有亮点且达到省内领先水平。

4. 申报"闽江杯"省优质专业工程奖的工程，工程交付使用或竣工时间应在三年以内且竣工验收合格后经不少于一年的使用期。

5. 申报"闽江杯"省优质专业工程奖的工程，施工过程应符合节能环保要求，注重新技术、新工艺、新材料和节能技术产品的应用，注重原材料、过程工序质量控制及功能效果测试。采用性能优良的材料和设备，或经各方确认的样板材料。

6. 申报"闽江杯"省优质专业工程奖的工程，应根据工程特点，按照工程部位、系统进行施工现场质量保证条件、性能检测、质量记录、尺寸偏差及限值实测、观感质量等项目的评价。评价标准按国家相关标准规范和本省相关规定执行。

1.2.5.4 申报程序和申报资料

1. 申报"闽江杯"省优质专业工程奖原则上应体现工程项目的完整性。一个项目由若干企业共同施工，施工企业应联合申报，但每家企业完成工程量应符合《福建省"闽江杯"优质专业工程奖评审办法（2017年修订）》的规定，申报时间为每年的第二季度。

福建省建筑业协会依据《福建省"闽江杯"优质专业工程奖评审办法（2017年修订）》对所有申报工程的资料进行初审，并将不符合申报条件的工程一次性告知申报单位。

2. 申报"闽江杯"省优质专业工程奖所需资料包括：

（1）《福建省"闽江杯"优质专业工程奖申报表》（2份）；

（2）工程竣工验收、备案证明复印件（各1份）；

（3）专业承包合同或施工合同复印件（1份）；

（4）施工图设计文件审查批准书复印件（1份）；

（5）消防验收质量复印件、室内环境质量检测报告（各1份）；

（6）监理单位对工程质量综合评价意见（1份）；

（7）相关单位（建设单位、业主或使用单位）对工程综合评价意见（1份）；

（8）能反映工程概貌和主要部位的工程彩色数码照片10～15张（1份）；

（9）获奖证书复印件（1份）；

（10）工程概况和施工质量情况的文字简介以及要求提供的其他有关材料。

1.2.6 市级装饰奖——以"榕城杯"为例

1.2.6.1 奖项简介

"福州市建筑装饰优良工程奖"是福州市建筑装饰工程质量最高荣誉奖，简称"榕城杯"（图1-6）。

"榕城杯"由主承建单位申报，福州市建筑装饰协会负责组织评审。申报"榕城杯"的优良工程，承建单位应在工程开工后2个月内向福州市建筑装饰协会报送《创建福州市建筑装饰优良工程备案登记表》，经审核同意并盖章后备案登记生效，未备案登记的不得申报。

凡福建省行政区划内或福建

图1-6 "榕城杯"

省施工单位在省外，已建成并投入使用的各类建设工程的相关专业合规工程均可参加评选。

1.2.6.2　评选范围

1. 凡持有建设行政主管部门颁发的资质证书的会员单位，所完成的建筑装饰工程，包括新建、改建、扩建的各类建筑装饰工程（如宾馆、会堂、会议中心、购物中心、俱乐部、娱乐中心等）。

2. 单项工程装饰施工面积在 $1000m^2$ 以上，或单项工程造价在300万元以上。

3. 单项工程虽然规模达不到要求，但装饰风格独特、典雅、富有特色、质量特别优良的项目，也可以申报。

4. 不列入评选范围的工程：

（1）未备案登记或被取消备案登记资格的工程；

（2）已被评为福州市建筑装饰优良工程奖的工程；

（3）曾参加福州市建筑装饰优良工程奖评选，但未被评选上的工程；

（4）军事工程或保密工程；

（5）外国（含境外）企业承包的工程。

1.2.6.3　申报条件

1. 工程设计合理、先进、施工工艺考究，选材合理，地面、墙柱面的饰材铺贴平整，接缝顺直；细部处理到位及总体感观好。

2. 符合建设程序和《工程建设标准强制性条文》的有关规定，整体质量较好。

3. 通过竣工、消防验收（或按规定办理消防备案手续）和环保检测，达到节能环保要求，无结构或安全隐患和明显的使用功能缺陷。

4. 工程交付使用或竣工时间应在近三年以内。

5. 工程技术资料齐全。

1.2.6.4　申报程序和申报资料

1. 建筑装饰施工企业向福州市建筑装饰协会申报；协会依据《福州市建筑装饰优良工程奖评审办法》对所有申报工程的资料进行初

审，并将不符合申报条件的工程一次性告知申报单位。

2. 申报"榕城杯"所需资料包括：

（1）《福州市建筑装饰优良工程奖申报表》；

（2）专业承包合同或施工合同复印件；

（3）施工许可证复印件；

（4）施工图设计文件审查批准书复印件（按规定应图审的须提供）；

（5）工程竣工验收报告复印件；

（6）消防验收报告复印件；

（7）室内环境质量检测报告复印件；

（8）监理单位对工程质量综合评价报告复印件；

（9）能反映工程概貌和主要部位的工程彩色数码照片 10 ～ 15 张；

（10）获奖证书复印件。

第 2 章

创优策划与实施

2.1 创优策划

2.1.1 什么是国家优质工程

国家优质工程简称国优工程（图 2-1）。

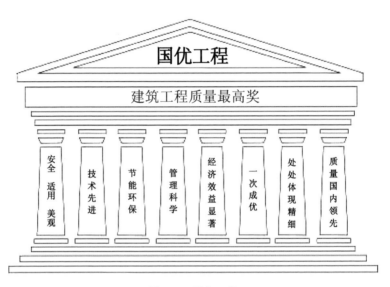

图 2-1 国优工程

2.1.2 国优工程的基本要求

2.1.2.1 工程必须安全、适用、美观

1.符合国家标准、规范、规程、强制性条文的要求。
2.设计先进合理，功能齐全，满足要求。
3.全寿命周期内安全、稳定、可靠。
4.设备安装规范，系统运行平稳。

5. 装饰工程细腻，质量上乘，工艺考究。
6. 工程资料齐全、真实有效、可追溯，编目规范。

2.1.2.2　积极推进科技进步与创新

1. 获得省（部）级及以上科技进步奖。
2. 推广应用"建筑业十项新技术"六项以上，积极采用新技术、新工艺、新材料、新设备。
3. 省（部）级及以上科技示范工程，或获得省（部）级及以上工法或发明专利、实用新型专利。

2.1.2.3　施工过程坚持"四节一环保"

1. 节地、节能、节材、节水和环保。
2. 获得地市级及以上文明施工奖或"全国绿色施工示范工程"荣誉称号。
3. 工程专项指标（节能、环保、卫生、消防）验收合格。

2.1.2.4　工程管理科学规范

1. 质量保障体系健全，岗位职责明确、过程控制措施落实到位。
2. 现代化管理方法和信息技术，实行目标管理。
3. 符合建设程序，规章制度健全；资源配置合理，管理手段先进。

2.1.2.5　综合效益显著

1. 建成后产能、功能均达到或优于设计要求。
2. 主要技术经济指标处于国内同行业同类型工程领先水平。
3. 使用单位满意，经济效益与社会效益显著。

2.1.2.6　国优工程评审对建筑物自身的要求

1. 优中之优。
2. 安全、适用、美观。
3. 技术含量高。
4. 精致、细腻、有特色。
5. 合同规定内容全部竣工，能满足适用要求。

6. 工程质量实际情况符合申报要求。

7. 符合规范和《工程建设标准》。

2.1.3 国优工程的基本经验

在精品工程创建过程中，应着重强调"预控"，也就是在开工阶段，就必须进行策划。一般来讲，要对创优工程进行施工深化设计。根据过往众多企业的创优经验，一般在下列环节进行施工深化设计：

1. 屋面防水构造、出屋面构件的防水处理和出屋面构件的总体布置、走向、排水节点构造等。

2. 外墙装饰的排版和色带的具体应用，门窗尺寸和块材尺寸、拼缝模数的协调等。

3. 大堂、多功能厅等重要部位的墙、顶、地面排版、色带、拼缝的统一协调。

4. 卫生间、楼梯间的施工设计要体现栏杆、配件、器皿位置与拼缝协调的对称统一，要避免错缝、乱缝和小半砖现象。

5. 内走道平顶及平顶内管道走向的深化设计，要把平顶面的各种构配件及器具做到整齐划一、走向统一。特别是要注重管道支架的统一制作、统一安装，最好是支架形式统一。

6. 专业机房（配电房、冷冻机房、生活及消防泵房等）内部总体布局，管道走向，穿墙节点构造，设备基础布置整齐、标高尺寸一致，排水沟槽整齐精细，排水走向清晰。设备安装布置整齐，标高尺寸一致，操作检查检修通道空间合理、整齐、明亮。

7. 有下列情况之一的工程不能称为精品工程：

（1）竣工验收备案手续不齐全的工程；

（2）使用国家明令淘汰的建筑材料、构配件、设备产品的工程或对环境有毒害污染的工程；

（3）发生过质量事故或大面积质量返修的工程；

（4）由于设计、施工等原因造成质量、安全隐患，有明显功能性缺陷的工程；

（5）工程建设过程中发生过较大以上生产安全事故，以及在社会上造成恶劣影响的其他事件的工程；

（6）存在渗漏现象（含地下室、屋面、卫生间及墙体等处）；

（7）存在违反国家工程建设标准的质量问题；

（8）工程资料严重不符合有关规范要求或弄虚作假；

（9）工业项目"三废"主要排放指标达不到设计要求。

2.1.4 国优工程的创优策划

2.1.4.1 创优项目选择

1.选择符合创优申报条件的工程。

2.选择建设单位创优积极性高、舍得投入的工程。

3.选择最终使用的终端用户工程。

4.选择有科技创新潜力（建筑、结构形式有条件科技创新）的工程。

5.选择施工前期手续齐全、完备的工程。

2.1.4.2 创优项目经理选择

1.选择有责任心、有专业性、有创优积极性、具有组织协调能力的项目经理。

2.选择有创优经验，既有理论知识又有实践经验，还有克服质量通病意识和提前化解质量通病存在的项目经理。

3.选择有超前意识、能克服困难、有创新意识的项目经理。

4.选择能正确对待和处理创优和工程成本之间协调平衡的项目经理。

2.1.4.3 创优策划

国优工程是精心策划、过程控制严格加上科学管理的结晶，而创优策划是指三个不同层次的质量预控措施：

1.总体控制措施。即施工组织设计，它是实现施工合同目标、指导施工全过程的纲领性文件，同时也是监理单位、业主在工程施工前了解施工单位实力、掌握工程质量情况的必要途径。

2.各分部（分项）工程、工程重点部位、技术复杂及采用新技术的关键工序的质量预控措施。即施工方案，这是保证工程质量、实现施工组织设计中质量策划的关键环节。

3.作业层的质量预控措施，即技术交底。因为，目前的劳务队伍流动量很大，技术水平参差不齐，要保证工程质量，只有通过技术交底来实现。

2.1.4.4　组织保障

国优工程是一项综合优质工程，不只是承包单位的事情，而是涉及项目建设的各方，需要各方协作起来，加强项目的综合管理，这是整个项目创优成功的关键。

1. 建设单位

建设单位是整个项目建设的中心，也是最有力度全面协调项目参与各方的主体。建设单位对创优的热情和支持程度非常关键，要使建设单位认识到创优对其同样具有重要的经济效益和社会效益，获得优质工程是对建设单位开发建设工作成果的重要肯定，从而动员建设单位积极参与到创优工程当中。

2. 承包单位

承包单位是工程施工质量控制的主体，创优工作的总负责。承包单位的全面互动对于项目的创优具有巨大的作用。承包单位对于项目创优的主要组织工作包括：

公司领导重视：创优工作需要公司和项目联动，公司主要领导要对项目创优给予大力支持，在人才、资金和资源方面提供保障，这是创优工作的根本前提。

项目全员努力：项目部一定要统一思想，尽心尽力、高标准完成项目建设。项目部在技术、组织和管理上要加强措施，要意识到创优的深度和广度，克服一般项目仅合格就行的想法，按策划大纲要求严格完成项目各项工序。

分包单位配合：不管是建设单位指定分包商还是承包单位的分包单位，在创优上都应与总承包单位保持一致，充分理解创优工作中的严格要求，逐步改变一些常规做法和思维定式，向高标准看齐。实际上，通过参与创优对项目参与各方都是一个学习和提高的机会。

作业层重视：班组作业层是施工的主要操作者，他们的责任心是项目质量的基石。必须统一思想，明确目标，克服传统思维定式和一些常规做法，精益求精完成项目工序。

资料内业严谨：要加强资料内业的工作，保证项目原始资料的完整性、准确性及可追溯性。

3. 设计单位

国优工程的评审与项目的建筑设计和使用功能密切相关。项目除了在建筑美学方面有一定的特色外，对于项目的使用功能也提出了很高的要求。这些都需要设计单位的共同努力。

4. 监理单位

监理单位是项目施工质量监控的主体。在创优上，监理单位和承包单位的目标应是一致的。要进一步发挥监理单位的监督作用，使监理单位的工作计划和质量目标也向创优靠齐，同心协力做好项目的质量工作。

2.1.4.5 质管核心

如何做到一次成优，减少质量成本？得力的组织措施，有效的质量管理，将是创优成功的关键。因此，必须建立一个有效的项目质量管理体系。除按常规确立的从企业到项目的质量管理体系外，我们更强调核心的质量管理层。

1. 就整体工程而言，核心质量管理层应由项目总工程师和安装技术总负责人以及各专业技术负责人组成。包括工程质量安全、工程功能保障、工艺亮点制造、资料收集整理。各专业之间技术协调应保证整体布局、各种结构、装饰和管线、器具、设备、标高方位的合理性、美观性，各类支吊架整合，地面空间的合理利用。

2. 装饰工程与安装工程质量管理体系是密切配合的，是工程能否达到各部位均能反映出其精致、细腻的特点，整体达到精品工程的"关键环节"，这方面能配合好，工程就会给人以美的享受；配合得不好，尽管各自都自我感觉良好，但整体效果不好，就显示不出其精致、细腻的特点，不会给人以美的享受，受检时就会大打折扣。

3. 项目总工程师的协调，调度和总体策划在项目创优工作中十分重要，要负责组织好各专业质量管理体系，对整体工程进行创国优工程的策划，怎样保证工程质量的安全性，保证工程功能实现设计与业主目标，保证工艺精湛，保证整体观感效果，有鲜明的时代感、艺术性和超前性，达到国优工程要求。

4. 项目质量管理体系的有效工作，离不开建设单位、设计单位、监理单位的理解和支持，没有他们的支持，想顺利创国优工程也不是一件很容易的事。项目创国优工程要有总体的策划，也要有局部的策划及细部的策划，涉及材料、工艺、结构形式的选择、变更、订货，都得要取得各参建单位的支持。因此，必须调动项目全员的积极性，使全员共同参与，把他们纳入质量管理体系，使各方面目标一致，为创优共同努力。

2.1.4.6 策划要点

1. 国优工程策划工作必须由公司工程管理部督促，项目经理亲自主持，项目总工程师全面组织，质量保证体系全程参与。施工策划确定项目施工的目标、措施和主要技术管理程序，同时制定施工分部、分项工程的质量控制标准，为施工质量提供控制依据。

2. 施工策划包括工艺、标准、施工方法、细部收口、装饰色彩、材料选择、管线布置以及现场施工的各种要素等。通过统一的施工策划，保证各个分项工程内在质量和外部感观上的统一。

3. 施工策划和施工组织设计将奠定整个工程创优的基础和大纲。它是集体智慧的结晶，融会贯通各层次技术管理人员的聪明才智和创优积极性。策划工作有总体策划、综合性策划、局部策划、阶段性策划、细部策划、分部策划等。总之，策划工作除了第一次总体策划，确立总目标、总方向、总要求，形成书面指导性文件外，其他策划工作应贯穿工程始终。

4. 在第一次策划会议之前，项目总工程师应有策划大纲，以便各层级技术管理人员在策划会议上做到有的放矢，例如讨论一些什么问题，确立一些什么目标（大小目标，如各分部分项工程达到什么水平），以便分别编写策划书中的对应部分，最后汇总、审核、批准，形成文件。创优策划过程中，应注意以下几点：

（1）策划能针对工程特点、创造一次成优条件的各种做法；

（2）策划避免选用可能造成质量永久性通病的材料；

（3）策划优于现行允许偏差的工程实测标准；

（4）策划在结构施工阶段即对装饰成品有构思的规划；

（5）策划避免造成违反强制性条文的规划（如渗漏、栏杆高度）；

（6）策划科技创新课题，规划工法、新技术应用示范工程、优秀学术论文、QC（质量控制）成果总结课题；

（7）策划能获得施工荣誉（如文明工地、优质结构、绿色施工等）；

（8）策划施工专项方案大纲：围绕创优，突出细部做法。

5. 细部策划重在对工程的各个细部微小处体现策划到位、做工精细。抓好统筹策划，做好综合布排。拼缝策划做到"一条缝到底、一条缝到边、整层交圈、整幢交圈"，避免错缝、乱缝和小半砖现象。归纳要做到以下几点：

（1）一居中：吊灯、地漏，包括地板砖、插座、吊顶、开关等居中。

（2）二对称：上下对称，左右对称。

（3）三同缝：墙砖、地砖、吊顶、与经纬线对齐。三维对缝，把地砖拼缝模数与隔墙厚度、墙砖模数一致或对应起来。横成排、竖成行、斜成线。

（4）四一致：内外一致；上下一致；明暗一致；大小面一致。

（5）五对齐：面盆挡水板与墙砖缝对齐；镜子上下水平缝对齐，两侧对称，竖缝对齐；门上口和水平缝，立框和砖模数对齐；卫生器具与砖缝或砖中对齐；电器开关、插座下水平对齐。

2.2 相关工程强制性规范条文

2.2.1 地面工程

——详见《建筑地面工程施工质量验收规范》GB 50209—2010。

1. 厕浴间和有防滑要求的建筑地面应符合设计防滑要求（GB 50209—2010 中 3.0.5）。

【说明】具体的设计防滑要求可参考《建筑地面工程防滑技术规程》JGJ/T 331—2014。

2. 厕浴间、厨房和有排水（或其他液体）要求的建筑地面面层与相连接各类面层的标高差应符合设计要求（GB 50209—2010 中 3.0.18）。

【说明】标高差设计须防止有排水的建筑地面面层水倒泄入相邻面层，影响正常使用。

3. 有防水要求的建筑地面工程，铺设前必须对立管、套管和地漏与楼板节点之间进行密封处理，并应进行隐蔽验收；排水坡度应符合设计要求（GB 50209—2010 中 4.9.3）。

4. 厕浴间和有防水要求的建筑地面必须设置防水隔离层。楼层结构必须采用现浇混凝土或整块预制混凝土板，混凝土强度等级不应小于 C20；房间的楼板四周除门洞外应做混凝土翻边，高度不应小于 200mm，宽同墙厚，混凝土强度等级不应小于 C20。施工时结构层标高和预留孔洞位置应准确，严禁乱凿洞（GB 50209—2010 中 4.10.11）。

5. 防水隔离层严禁渗漏，排水的坡向应正确、排水通畅（GB 50209—2010 中 4.10.13）。

【说明】厨房、厕浴间应定为Ⅰ级防水设防，一般则定为Ⅱ级。排水坡度强制性规定，地面向地漏处排水坡度应为 2%；地漏处排水坡度，从地漏边缘向外 50mm 内排水坡度为 5%。

2.2.2 装饰装修工程

——详见《建筑装饰装修工程质量验收标准》GB 50210—2018。

1. 建筑装饰装修工程必须进行设计，并出具完整的施工图设计文件（GB 50210—2018 中 3.1.1）。

2. 既有建筑装饰装修工程设计涉及主体和承重结构变动时，必须在施工前委托原结构设计单位或者具有相应资质条件的设计单位提出设计方案，或由检测鉴定单位对建筑结构的安全性进行鉴定（GB 50210—2018 中 3.1.4）。

3. 建筑装饰装修工程所用材料应符合国家有关建筑装饰装修材料有害物质限量标准的规定（GB 50210—2018 中 3.2.3）。

4. 建筑装饰装修工程所使用的材料应按设计要求进行防火、防腐和防虫处理（GB 50210—2018 中 3.2.8）。

【说明】 设计人员按《建筑内部装修设计防火规范》GB 50222—2017，《建筑设计防火规范》（2018 年版）GB 50016—2014 等规范给出所用材料的燃烧性能及处理方法后，施工单位应严格按设计进行选材和处理，不得调换材料或减少处理步骤。

5. 未经设计确认和有关部门批准，不得擅自拆改主体结构和水、暖、电、燃气、通信等配套设施（GB 50210—2018 中 3.3.4）。

6. 施工单位应采取有效措施控制施工现场的各种粉尘、废气、废弃物、噪声、振动等对周围环境造成的污染和危害（GB 50210—2018 中 3.3.5）。

7. 外墙和顶棚的抹灰层与基层之间及各抹灰层之间应粘结牢固（GB 50210—2018 中 4.1.11）。

8. 建筑外门窗安装必须牢固。在砌体上安装门窗严禁采用射钉固定（GB 50210—2018 中 6.1.11）。

9. 重型设备和有振动荷载的设备严禁安装在吊顶工程的龙骨上（GB 50210—2018 中 7.1.12）。

【说明】龙骨的设置主要是固定饰面材料，一些轻型设备如小型灯具、烟感器、喷淋头、风口箅子等也可以固定在饰面材料上。但如果把电扇和大型吊灯固定在龙骨上，可能会发生脱落伤人事故。质量大于 10kg 的灯具，固定装置及悬吊装置应按灯具重量的 5 倍恒定均布荷载做强度试验，且持续时间不得少于 15min。

10. 石板安装工程的预埋件（或后置埋件）、连接件的材质、数量、规格、位置、连接方法和防腐处理应符合设计要求。后置埋件的现场拉拔力应符合设计要求。石板安装应牢固（GB 50210—2018 中 9.2.3）。

【说明】锚固抗拔承载力现场非破坏性检验可采用随机抽样办法取样，抽取数量按每批锚栓总数的 1‰ 计算，且不少于 3 根。非破坏性检验荷载下，以混凝土基材无裂缝、锚栓或植筋无滑移等宏观裂损现象，且 2min 持荷期间荷载降低 ≤ 5% 时为合格。

11. 内墙饰面砖粘贴应牢固（GB 50210—2018 中 10.2.3）。

【说明】粘结强度可通过饰面砖拉拔试验检测，具体的试验操作参考《建筑工程饰面砖粘结强度检验标准》JGJ/T 110—2017。

12. 护栏高度、栏杆间距、安装位置应符合设计要求。护栏安装应牢固（GB 50210—2018 中 14.5.4）。

【说明】（1）临空高度在 24m 以下时，栏杆高度不应低于 1.05m，临空高度在 24m 及 24m 以上（包括中高层住宅）时，栏杆高度不应低于 1.10m；（2）栏杆离楼面或屋面 0.10m 高度内不宜留空；（3）住宅、托儿所、幼儿园、中小学及少年儿童专用活动场所的栏杆必须采用防止少年儿童攀登的构造，当采用垂直杆件做栏杆时，其杆件净距不应大于 0.11m；（4）文化娱乐建筑、商业服务建筑、体育建筑、园林景观建筑等允许少年儿童进入活动的场所，当采用垂直杆件作栏杆时，其杆件净距也不应大于 0.11m。

2.2.3 给水排水及采暖工程

——详见《建筑给水排水及采暖工程施工质量验收规范》GB 50242—2002。

1. 地下室或地下构筑物外墙有管道穿过的，应采取防水措施。对有严格防水要求的建筑物，必须采用柔性防水套管（GB 50242—2002 中 3.3.3）。

2. 各种承压管道系统和设备应做水压试验，非承压管道系统和设备应做灌水试验（GB 50242—2002 中 3.3.16）。

3. 给水管道必须采用管材相适应的管件。生活给水系统所涉及的材料必须达到饮用水卫生标准（GB 50242—2002 中 4.1.2）。

【说明】目前市场上可供选择的给水管道系统管材种类繁多，每种管材均有自己的专用管道配件及连接方法，故强调给水管道必须采用与管材相适应的管件，以确保工程质量。避免生活饮用水在输送中受到二次污染。

4. 室内给水管道的水压试验必须符合设计要求。当设计未注明时，各种材质的给水管道系统试验压力均为工作压力的 1.5 倍，但不得小于 0.6MPa（GB 50242—2002 中 4.2.1）。

【说明】金属及复合管给水管道系统在试验压力下观测 10min，压力降不应大于 0.02MPa，然后降到工作压力进行检查，应不渗不漏；塑料管给水管道系统应在试验压力下稳压 1h，压力降不得超过 0.05MPa，然后在工作压力的 1.15 倍状态下稳压 2h，压力降不得超过 0.03MPa，同时检查各连接处不得渗漏。

5. 生活给水管道系统在交付使用前必须冲洗和消毒，并经有关部门取样检验，符合国家《生活饮用水卫生标准》GB 5749—2022 方可使用（GB 50242—2002 中 4.2.3）。

6. 管道安装坡度，当设计未注明时，应符合《建筑给水排水及采暖工程施工质量验收规范》GB 50242—2002 中 8.2.1 的规定：

（1）气、水同向流动的热水采暖管道和汽、水不同向流动的蒸汽管道及凝结水管道，坡度应为 3‰，不得小于 2‰；

（2）气、水逆向流动的热水采暖管道和汽、水逆向流动的蒸汽管道，坡度不应小于 5‰；

（3）散热器支管的坡度应为 1%，坡向应利于排气和泄水。

7. 散热器组对后，以及整组出厂的散热器在安装之前应做水压试验。试验压力如设计无要求时应为工作压力的 1.5 倍，但不小于 0.6MPa（GB 50242—2002 中 8.3.1）。

【说明】试验时间为 2 ~ 3min，压力不降且不渗不漏。

8. 地面下敷设的盘管埋地部分不应有接头（GB 50242—2002 中 8.5.1）。

9. 盘管隐蔽前必须进行水压试验，试验压力为工作压力的 1.5 倍，但不小于 0.6MPa（GB 50242—2002 中 8.5.2）。

【检查方法】稳压 1h 内压力降不大于 0.05MPa 且不渗不漏。隐蔽前对盘管进行水压试验，检验其应具备的承压能力和严密性，以确保地板辐射采暖系统的正常运行。

10. 采暖系统安装完毕，管道保温之前应进行水压试验。试验压力应符合设计要求。当设计未注明时，应符合《建筑给水排水及采暖工程施工质量验收规范》GB 50242—2002 8.6.1 的规定：

（1）蒸汽、热水采暖系统，应以系统顶点工作压力加 0.1MPa 做水压试验，同时在系统顶点的试验压力不小于 0.3MPa；

（2）高温热水采暖系统，试验压力应为系统顶点工作压力加 0.4MPa；

（3）使用塑料管及复合管的热水采暖系统，应以系统顶点工作压力加 0.2MPa 做水压试验，同时在系统顶点的试验压力不小于 0.4MPa。

【说明】使用塑料管的采暖系统应在试验压力下 1h 内压力降不大于 0.05MPa，然后降至工作压力的 1.15 倍，稳压 2h，压力降不大于 0.03MPa，同时各连接处不渗不漏。

11. 系统冲洗完毕应充水、加热，进行试运行和调试（GB 50242—2002 中 8.6.3）。

【检查方法】观察、测量室温应满足设计要求。系统充水、加热，进行试运行和调试是对采暖系统功能的最终检验。

12. 给水管道在竣工后，必须对管道进行冲洗，饮用水管道还要在冲洗后进行消毒，满足饮用水卫生要求（GB 50242—2002 中 9.2.7）。

【检查方法】观察冲洗水的浊度，查看有关部门提供的检验报告。对输送饮用水的管道进行冲洗和消毒是保证人们饮用到卫生水的两个关键环节。

13. 排水管道的坡度必须符合设计要求，严禁无坡或倒坡（GB 50242—2002 中 10.2.1）。

14. 管道冲洗完毕应通水、加热，进行试运行和调试。当不具备加热条件时，应延期进行（GB 50242—2002 中 11.3.3）。

2.2.4 电气工程

——详见《建筑电气工程施工质量验收规范》GB 50303—2015。

1. 电气设备的外露可导电部分应单独与保护导体相连接，不得串联连接，连接导体的材质、截面面积应符合设计要求（GB 50303—2015 中 3.1.7）。

2. 电动机、电加热器及电动执行机构的外露可导电部分必须与保护导体可靠连接（GB 50303—2015 中 6.1.1）。

3. 母线槽的金属外壳等外露可导电部分应与保护导体可靠连接，并应符合《建筑电气工程施工质量验收规范》GB 50303—2015 中 10.1.1 的规定：

（1）每段母线槽的金属外壳间应连接可靠，且母线槽全长与保护导体可靠连接不应少于 2 处；

（2）分支母线槽的金属外壳末端应与保护导体可靠连接；

（3）连接导体的材质、截面面积应符合设计要求。

4. 金属梯架、托盘或槽盒本体之间的连接应牢固可靠，与保护导体的连接应符合《建筑电气工程施工质量验收规范》GB 50303—2015 中 11.1.1 的规定：

（1）梯架、托盘和槽盒全长不大于 30m 时，不应少于 2 处与保护导体可靠连接；全长大于 30m 时，每隔 20 ~ 30m 应增加 1 个连接点，起始端和终点端均应可靠接地；

（2）非镀锌梯架、托盘和槽盒本体之间连接板的两端应跨接保护联结导体，保护联结导体的截面面积应符合设计要求；

（3）镀锌梯架、托盘和槽盒本体之间不跨接保护联结导体时，连接板每端不应少于 **2** 个有防松螺母或防松垫圈的连接固定螺栓。

5. 钢导管不得采用对口熔焊连接；镀锌钢导管或壁厚小于或等于 **2mm** 的钢导管，不得采用套管熔焊连接（GB 50303—2015 中 12.1.2）。

6. 金属电缆支架必须与保护导体可靠连接（GB 50303—2015 中 13.1.1）。

7. 交流单芯电缆或分相后的每相电缆不得单根独穿钢导管内，固定用的夹具和支架不应形成闭合磁路（GB 50303—2015 中 13.1.5）。

8. 灯具固定应符合《建筑电气工程施工质量验收规范》GB 50303—2015 中 18.1.1 的规定：

（1）灯具固定应牢固可靠，在砌体和混凝土结构上严禁使用木楔、尼龙塞或塑料塞固定；

（2）质量大于 **10kg** 的灯具，固定装置及悬吊装置应按灯具重量的 5 倍恒定均布荷载做强度试验，且持续时间不得少于 **15min**。

9. 景观照明灯具安装应符合《建筑电气工程施工质量验收规范》GB 50303—2015 中 19.1.6 的规定：

（1）在人行道等人员来往密集场所安装的落地式灯具，当无围栏防护时，灯具距地面高度应大于 **2.5m**；

（2）金属构架及金属保护管应分别与保护导体采用焊接或螺栓连接，连接处应设置接地标识。

10. 插座接线应符合《建筑电气工程施工质量验收规范》GB 50303—2015 中 20.1.3 的规定：

（1）对于单相两孔插座，面对插座的右孔或上孔应与相线连接，左孔或下孔应与中性导体（N）连接；对于单相三孔插座，面对插座的右孔应与相线连接，左孔应与中性导体（N）连接；

（2）单相三孔、三相四孔及三相五孔插座的保护接地导体（PE）应接在上孔；插座的保护接地导体端子不得与中性导体端子连接；同一场所的三相插座，其接线的相序应一致；

（3）保护接地导体（PE）在插座之间不得串联连接；

（4）相结与中性导体（N）不应利用插座本体的接线端子转接供电。

2.2.5　通风与空调工程

——详见《通风与空调工程施工质量验收规范》GB 50243—2016。

1. 防火风管的本体、框架与固定材料、密封垫料必须为不燃材料，其耐火等级应符合设计的规定（GB 50243—2016 中 4.2.2）。

2. 复合材料风管的覆面材料必须为不燃材料，内部的绝热材料应为不燃或难燃 B_1 级，且对人体无害的材料（GB 50243—2016 中 4.2.5）。

3. 防排烟系统柔性短管的制作材料必须为不燃材料（GB 50243—2016 中 5.2.7）。

4. 在风管穿过需要封闭的防火、防爆的墙体或楼板时，应设预埋管或防护套管，其钢板厚度不应小于 1.6mm。风管与防护套管之间，应用不燃且对人体无危害的柔性材料封堵（GB 50243—2016 中 6.2.2）。

5. 风管安装必须符合《通风与空调工程施工质量验收规范》GB 50243—2016 中 6.2.3 的规定：

（1）风管内严禁其他管线穿越；

（2）输送含有易燃、易爆气体或安装在易燃、易爆环境的风管系统必须设置可靠的防静电接地装置；

（3）输送含有易燃、易爆气体的风管系统通过生活区或其他辅助生产房间时不得设置接口；

（4）室外风管系统的拉锁等金属固定件严禁拉在避雷针或避雷网连接上。

6. 外表温度高于 60℃，且位于人员易接触部位的风管，应采取防烫伤的措施（GB 50243—2016 中 6.2.4）。

7. 通风机传动装置的外露部位以及直通大气的进口、出口，必须装设防护罩（网）或采取其他安全设施（GB 50243—2016 中 7.2.2）。

8. 通风与空调工程安装完毕后应进行系统调试，系统调试应包括《通风与空调工程施工质量验收规范》GB 50243—2016 中 11.2.1 的项目：

（1）设备单机试运转及调试；

（2）系统无生产负荷下的联合试运转及调试。

9. 防排烟系统联合试运行与调试的结果，应符合设计要求及国家现行标准的有关规定。

2.2.6　智能化工程

——详见《智能建筑工程质量验收规范》GB 50339—2013。

1. 当紧急广播系统具有火灾应急广播功能时，应检查传输线缆、槽盒和导线的防火保护措施（GB 50339—2013 中 12.0.2）。

2. 安全技术防范系统可包括安全防范综合管理系统、入侵报警系统、视频安防监控系统、出入口控制系统、电子巡查系统和停车库（场）管理系统等子系统。检测和验收的范围应根据设计要求确定（GB 50339—2013 中 19.0.1）。

3. 智能建筑的接地系统必须保证建筑物内各智能化系统的正常运行和人身、设备安全（GB 50339—2013 中 22.0.4）。

2.2.7　室内环境污染控制

——详见《民用建筑工程室内环境污染控制标准》GB 50325—2020。

1. 民用建筑工程所选用的建筑主体材料和装饰装修材料应符合本标准有关规定（GB 50325—2020 中 1.0.5）。

2. 民用建筑工程所使用的砂、石、砖、实心砌块、水泥、混凝土、混凝土预制构件等无机非金属建筑主体材料，其放射性限量应符合《建筑材料放射性核素限量》GB 6566—2010 的规定（GB 50325—2020 中 3.1.1）。

3. 民用建筑工程所使用的石材、建筑卫生陶瓷、石膏制品、无机粉黏结材料等无机非金属装饰装修材料，其放射性限量应分类符合《建筑材料放射性核素限量》GB 6566—2010 的规定（GB 50325—2020 中 3.1.2）。

4. 主体材料和装饰装修材料放射性核素的测定方法应符合《建筑材料放射性核素限量》GB 6566—2010 的有关规定，表面氡析出率的测定方法应符合《民用建筑工程室内环境污染控制标准》GB 50325—2020 附录 A 的规定（GB 50325—2020 中 3.1.4）。

【说明】民用建筑工程室内饰面采用的天然花岗岩石材，当总面积大于 200m² 时，应对不同产品分别进行放射性指标的复验。

5. 民用建筑工程室内用人造木板及其制品应测定游离甲醛释放量（GB 50325—2020 中 3.2.1）。

6. I 类民用建筑室内装饰装修采用的无机非金属装饰装修材料放射性限量必须满足《建筑材料放射性核素限量》GB 6566—2010 规定的 A 类要求（GB 50325—2010 中 4.3.1）。

7. 民用建筑室内装饰装修中所使用的木地板及其他木质材料，严禁采用沥青、煤焦油类防腐、防潮处理剂（GB 50325—2020 中 4.3.6）。

8. 当建筑主体材料和装饰装修材料进场检验，发现不符合设计要求及本标准的有关规定时，不得使用（GB 50325—2020 中 5.1.3）。

9. 民用建筑工程采用的无机非金属建筑主体材料和建筑装饰装修材料进场时，施工单位应查验其放射性指标检测报告（GB 50325—2020 中 5.2.1）。

10. 民用建筑室内装饰装修中所采用的人造木板及其制品进场时，施工单位应查验其游离甲醛释放量检测报告（GB 50325—2020 中 5.2.3）。

【说明】民用建筑室内装饰装修中采用的人造木板面积大于 500m^2 时，应对不同产品、不同批次材料的游离甲醛释放量分别进行抽查复验。

11. 民用建筑室内装饰装修中所采用的水性涂料、水性处理剂进场时，施工单位应查验其同批次产品的游离甲醛含量检测报告；溶剂型涂料进场时，施工单位应查验其同批次产品的 VOC、苯、甲苯 + 二甲苯、乙苯含量检测报告，其中聚氨酯类的应有游离二异氰酸酯（TDI+HDI）含量检测报告（GB 50325—2020 中 5.2.5）。

12. 民用建筑室内装饰装修中所采用的水性胶粘剂进场时，施工单位应查验其同批次产品的游离甲醛含量和 VOC 检测报告；溶剂型、本体型胶粘剂进场时，施工单位应查验其同批次产品的苯、甲苯 + 二甲苯、VOC 含量检测报告，其中聚氨酯类的应有游离甲苯二异氰酸酯（TDI）含量检测报告（GB 50325—2020 中 5.2.6）。

13. 建筑主体材料和装饰装修材料的检测项目不全或对检测结果有疑问时，应对材料进行检验，检验合格后方可使用（GB 50325—2020 中 5.2.8）。

14. 民用建筑室内装饰装修时，严禁使用苯、工业苯、石油苯、重质苯及混苯等含苯稀释剂和溶剂（GB 50325—2020 中 5.3.3）。

15. 民用建筑室内装饰装修严禁使用有机溶剂清洗施工用具（GB 50325—2020 中 5.3.6）。

16. 民用建筑工程竣工验收时，必须进行室内环境污染物浓度检测，其限量应符合表 2-1 的规定（GB 50325—2020 中 6.0.4）。

民用建筑室内环境污染物浓度限量　　　　表 2-1

污染物	I 类民用建筑工程	II 类民用建筑工程
氡（Bq/m³）	≤ 150	≤ 150
甲醛（mg/m³）	≤ 0.07	≤ 0.08
氨（mg/m³）	≤ 0.15	≤ 0.20
苯（mg/m³）	≤ 0.06	≤ 0.09
甲苯（mg/m³）	≤ 0.15	≤ 0.20
二甲苯（mg/m³）	≤ 0.20	≤ 0.20
TVOC（mg/m³）	≤ 0.45	≤ 0.50

2.2.8　建筑玻璃应用

——详见《建筑玻璃应用技术规程》JGJ 113—2015。

1. 安全玻璃的最大许用面积应符合表 2-2 的规定（JGJ 113—2015 中 7.1.1）。

安全玻璃的最大许用面积　　　　表 2-2

玻璃种类	公称厚度（mm）	最大许用面积（m²）
钢化玻璃	4	2.0
	5	2.0
	6	4.0
	8	6.0
	10	8.0
	12	9.0

玻璃种类	公称厚度（mm）			最大许用面积（m²）
夹层玻璃	6.38	6.76	7.52	3.0
	8.38	8.76	9.52	5.0
	10.38	10.76	11.52	7.0
	12.38	12.76	13.52	8.0

有框平板玻璃、超白浮法玻璃和中空玻璃的最大许用面积应符合表2-3的规定。

有框平板玻璃、超白浮法玻璃和中空玻璃的最大许用面积 表2-3

玻璃种类	公称厚度（mm）	最大许用面积（m²）
平板玻璃 超白浮法玻璃 中空玻璃	3	0.1
	4	0.3
	5	0.5
	6	0.9
	8	1.8
	10	2.7
	12	4.5

2. 安全玻璃暴露边不得存在锋利的边缘和尖锐的角部（JGJ 113—2015 中 7.1.2）。

3. 室内栏板用玻璃应符合《建筑玻璃应用技术规程》JGJ 113—2015 中 7.2.5 的规定：

（1）设有立柱和扶手，栏板玻璃作为镶嵌面板安装在护栏系统中，栏板玻璃应使用符合本规程表2-2规定的夹层玻璃。

（2）栏板玻璃固定在结构上且直接承受人体荷载的护栏系统，其栏板玻璃应符合下列规定：

1）当栏板玻璃最低点离一侧楼地面高度不大于 5m 时，应使用公称厚度不小于 16.76mm 钢化夹层玻璃；

2）当栏板玻璃最低点离一侧楼地面高度大于 5m 时，不得采用此类护栏系统。

4. 安装在易于受到人体或物体碰撞部位的建筑玻璃，应采取保护措施（JGJ 113—2015 中 7.3.1）。

5. 根据易发生碰撞的建筑玻璃所处的具体部位，可采取在视线高度设醒目标志或设置护栏等防碰撞措施。碰撞后可能发生高处人体或玻璃坠落的，应采用可靠护栏（JGJ 113—2015 中 7.3.2）。

6. 屋面玻璃或雨篷玻璃必须使用夹层玻璃或夹层中空玻璃，其胶片厚度不应小于 0.76mm（JGJ 113—2015 中 8.2.2）。

7. 地板玻璃必须采用夹层玻璃，点支承地板玻璃必须采用钢化夹层玻璃。钢化玻璃必须进行均质处理（JGJ 113—2015 中 9.1.2）。

2.2.9 点支式玻璃幕墙工程

——详见《点支式玻璃幕墙工程技术规程》CECS 127—2001。

1. 幕墙建成后，在正常工作情况下会发生结构层间位移及玻璃变形。若连接件与玻璃面板为硬性直接接触，易产生玻璃爆裂的现象，同时直接接触亦易产生摩擦噪声。因此，点连接件与玻璃间应设有衬垫材料，这种材料应具备一定的韧性、弹性、耐久性，还应有一定的硬度，在使用过程中不应产生明显蠕变（CECS 127—2001 中 3.3.4）。

2. 承载力和刚度是各类结构体系设计的基本内容（CECS 127—2001 中 5.2.1）。

2.2.10 金属与石材幕墙工程

——详见《金属与石材幕墙工程技术规范》JGJ 133—2001。

1. 横梁应通过角码、螺钉或螺栓与立柱连接，角码应能承受横梁的剪力。螺钉直径不得小于 4mm，每处连接螺钉数量不应少于 3 个，螺栓不应少于 2 个。横梁与立柱之间应有一定的相对位移能力（JGJ 133—2001 中 5.6.6）。

2. 金属、石材幕墙与主体结构连接的预埋件，应在主体结构施工时按设计要求埋设，预埋件应牢固，位置准确，预埋件的位置误差应按设计要求进行复查，当设计无明确要求时，预埋件的标高偏

差不应大于 **10mm**，预埋件位置差不应大于 **20mm**（JGJ 133—2001 中 7.2.4）。

3. 幕墙安装施工应对项目进行验收（JGJ 133—2001 中 7.3.10）：

（1）主体结构与立柱，立柱与横梁连接节点安装及防腐处理；

（2）幕墙的防火、保温安装；

（3）幕墙的伸缩缝、沉降缝、防震缝及阴阳角安装；

（4）幕墙的防雷节点安装；

（5）幕墙的封口安装。

2.2.11 玻璃幕墙工程

——详见《玻璃幕墙工程技术规范》JGJ 102—2003。

1. 硅酮结构密封胶和硅酮建筑密封胶必须在有效期内使用（JGJ 102—2003 中 3.1.5）。

2. 硅酮结构密封胶使用前，应经国家认可的检测机构进行与其相接触材料的相容性和剥离粘结性试验，并应对邵氏硬度、标准状态拉伸粘结性能进行复验。检验不合格的产品不得使用。进口硅酮结构密封胶应具有商检报告（JGJ 102—2003 中 3.6.2）。

3. 人员流动密度大、青少年或幼儿活动的公共场所以及使用中容易受到撞击的部位。其玻璃幕墙应采用安全玻璃；对使用中容易受到撞击的部位，尚应设置明显的警示标志（JGJ 102—2003 中 4.4.4）。

4. 横梁截面主要受力部位的厚度，应符合《玻璃幕墙工程技术规范》JGJ 102—2003 中 6.2.1 的要求：

（1）当横梁跨度不大于 **1.2m** 时，铝合金型材截面主要受力部位的厚度不应小于 **2.0mm**；当横梁跨度大于 **1.2m** 时，其截面主要受力部位的厚度不应小于 **2.5mm**，型材孔壁与螺钉之间直接采用螺纹受力连接时，其局部截面厚度不应小于螺钉的公称直径；

（2）钢型材截面主要受力部位的厚度不应小于 **2.5mm**。

5. 立柱截面主要受力部位的厚度，应符合《玻璃幕墙工程技术规范》JGJ 102—2003 中 6.3.1 的要求：

（1）铝合金型材截面开口部位的厚度不应小于 **3.0mm**，闭口部

位的厚度不应小于 **2.5mm**；型材孔壁与螺钉之间直接采用螺纹受力连接时，其局部厚度尚不应小于螺钉的公称直径；

（2）钢型材截面主要受力部位的厚度不应小于 **3.0mm**；

（3）对偏心受压立柱，其截面宽厚比应符合《玻璃幕墙工程技术规范》JGJ 102—2003 中 6.2.1 的相应规定。

6. 全玻幕墙的板面不得与其他刚性材料直接接触。板面与装修面或结构面之间的空隙不应小于 **8mm**，且应采用密封胶密封（JGJ 102—2003 中 7.1.6）。

7. 全玻幕墙玻璃肋的截面厚度不应小于 **12mm**。截面高度不应小于 **100mm**（JGJ 102—2003 中 7.3.1）。

8. 采用胶缝传力的全玻幕墙，其胶缝必须采用硅酮结构密封胶（JGJ 102—2003 中 7.4.1）。

9. 采用浮头式连接件的幕墙玻璃厚度不应小于 **6mm**，采用沉头式连接件的幕墙玻璃厚度不应小于 **8mm**。

安装连接件的夹层玻璃和中空玻璃，其单片厚度也应符合上述要求（JGJ 102—2003 中 8.1.2）。

10. 玻璃之间的空隙宽度不应小于 **10mm**，且应采用硅酮建筑密封胶嵌缝（JGJ 102—2003 中 8.1.3）。

11. 除全玻幕墙外，不应在现场打注硅酮结构密封胶（JGJ 102—2003 中 9.1.4）。

2.2.12　幕墙工程

——详见《建筑幕墙工程质量验收规程》DGJ 32/J124—2011。

1. 幕墙节能工程使用的保温隔热材料，其导热系数、密度、燃烧性能应符合设计要求。幕墙玻璃的传热系数、遮阳系数、可见光透射比、中空玻璃露点应符合设计要求（DGJ 32/J124—2011 中 3.1.4）。

2. 主体结构与幕墙连接的各种预埋件，其数量、规格、位置和防腐处理必须符合设计要求（DGJ 32/J124—2011 中 3.1.6）。

3. 幕墙的金属框架与主体结构预埋件的连接、立柱与横梁的连接及幕墙面板的安装必须符合设计要求，安装必须牢固（DGJ 32/J124—2011 中 3.1.7）。

4. 隐框、半隐框幕墙所采用的结构粘结材料必须是中性硅酮结构密封胶，其性能必须符合《建筑用硅酮结构密封胶》GB 16776—2005 的规定；硅酮结构密封胶必须在有效期内使用（DGJ 32/J124—2011 4.1.2）。

2.2.13 室内给水系统工程

——详见《消防给水及消火栓系统技术规范》GB 50974—2014。

1. 设置室内消火栓的建筑，包括设备层在内的各层均应设置消火栓（GB 50974—2014 中 7.4.3）。

2. 消防给水及消火栓系统的施工必须由具有相应等级资质的施工队伍承担（GB 50974—2014 中 12.1.1）。

3. 管网安装完毕后，应对其进行强度试验、冲洗和严密性试验（GB 50974—2014 中 12.4.1）。

4. 系统竣工后，必须进行工程验收，验收应由建设单位组织质检、设计、施工、监理参加，验收不合格不应投入使用（GB 50974—2014 中 13.2.1）。

2.2.14 自动喷水灭火系统工程

——详见《自动喷水灭火系统设计规范》GB 50084—2017。

1. 自动喷水灭火系统的设计，应密切结合保护对象的功能和火灾特点，积极采用新技术、新设备、新材料，做到安全可靠、技术先进、经济合理（GB 50084—2017 中 1.0.3）。

2. 自动喷水灭火系统应有的组件、配件和设施包括：（1）应设有洒水喷头、报警阀组、水流报警装置等组件和末端试水装置，以及管道、供水设施等；（2）控制管道静压的区段宜分区供水或设减压阀，控制管道动压的区段宜设减压孔板或节流管；（3）应设有泄水阀（或泄水口）、排气阀（或排气口）和排污口；（4）干式系统和预作用系统的配水管道应设快速排气阀。有压充气管道的快速排气阀入口前应设电动阀。

3. 每个报警阀组控制的最不利点洒水喷头处应设末端试水装置，

其他防火分区、楼层均应设直径为 **25mm** 的试水阀（GB 50084—2017 中 6.5.1）。

2.2.15　室内防火设计工程

——详见《建筑内部装修设计防火规范》GB 50222—2017。

1. 安装在金属龙骨上燃烧性能达到 B1 级的纸面石膏板、矿棉吸声板，可作为 A 级装修材料使用（GB 50222—2017 中 3.0.4）。

2. 建筑内部装修不应擅自减少、改动、拆除、遮挡消防设施、疏散指示标志、安全出口、疏散出口、疏散走道和防火分区、防烟分区等（GB 50222—2017 中 4.0.1）。

2.2.16　成品住房装修

——详见《成品住房装修技术标准》DB 32/T 3691—2019。

1. 施工单位应遵守有关环境保护的法律法规，并应采取有效措施控制施工现场的各种粉尘、废气、废弃物、噪声、振动等对周围环境造成的污染和危害（DB 32/T 3691—2019 中 3.1.4）。

2. 严禁使用国家已经明令淘汰的材料。成品住房装修工程所采用的部品、材料的质量、规格、品种和有害物质限量等应符合设计要求和国家现行标准的规定（DB 32/T 3691—2019 中 3.2.2）。

3. 施工单位必须制定施工防火安全制度，施工人员必须严格遵守（DB 32/T 3691—2019 中 3.3.1）。

4. 成品住房装修严禁使用工业苯、石油苯、重质苯及混苯等稀释剂和溶剂（DB 32/T 3691—2019 中 3.4.2）。

5. 成品住房装修的室内环境污染控制检测，应在装修工程完工至少 **7d** 后、工程交付使用前进行。室内环境污染物浓度的检测结果应符合表 2-4 的规定（DB 32/T 3691—2019 中 3.4.4）。

室内环境污染物浓度限值 表2-4

污染物名称	活度、浓度限值
氡	≤ 150（Bq/m^3）
游离甲醛	≤ 0.07（mg/m^3）
苯	≤ 0.06（mg/m^3）
氨	≤ 0.15（mg/m^3）
TVOC	≤ 0.45（mg/m^3）

6. 成品住房装修工程必须进行设计，出具完整的施工图设计文件（DB 32/T 3691—2019 中 4.1.1）。

7. 装修设计不得破坏建筑物的结构安全和主要使用功能（DB 32/T 3691—2019 中 4.1.5）。

8. 室内净高设计应符合《成品住房装修技术标准》DB 32/T 3691—2019 中 4.2.2 的要求：

（1）装修完成后，卧室、起居室(厅)地面与顶棚之间的净高不应低于 **2.40m**；局部净高不应低于 **2.10m**，且其面积不应大于室内使用面积的 1/3。当采用坡屋顶内空间作为卧室，其 1/2 面积的室内净高不应低于 **2.10m**。

（2）厨房、卫生间装修完成后地面与顶棚装修面之间的净高不应低于 **2.10m**。

9. 阳台、露台栏杆应符合《成品住房装修技术标准》DB 32/T 3691—2019 中 4.5.1 的要求：

（1）阳台、露台装修完成面（可踏面）上栏杆净高，六层及六层以下不应低于 1.05m，七层及七层以上不应低于 **1.10m**；

（2）阳台栏杆设计应防止儿童攀登，栏杆的垂直栏杆间净距不应大于 **0.11m**，放置花盆处必须采取防坠落措施；

（3）阳台、露台地面应选用防滑材料。

10. 装修完成后窗台距楼地面的净高不应低于 **0.90m**，低于 0.90m 时（包括落地窗），应有防护设施，窗外有阳台或平台时可不受此限制（DB 32/T 3691—2019 中 4.5.2）。

11. 重型灯具、电扇及其他重型设备严禁安装在吊顶龙骨上（DB 32/T 3691—2019 中 6.1.2）。

12. 防水隔离层严禁渗漏，坡向应正确、排水通畅（DB 32/T 3691—2019 中 10.3.1）。

13. 接地（PE）或接零（PEN）支线应单独与接地（PE）和接零（PEN）干线相连接，不得串联连接（DB 32/T 3691—2019 中 12.1.4）。

14. 采暖、空调与通风工程安装后应进行系统调试，并满足设计要求（DB 32/T 3691—2019 中 13.1.5）。

15. 辐射采暖应符合《成品住房装修技术标准》DB 32/T 3691—2019 中 13.2.2 的要求：

（1）盘管隐蔽前必须进行水压试验，试验压力为工作压力的 1.5 倍，但不小于 0.6MPa；

（2）发热电缆的接地线必须与电源的地线连接。

2.2.17 民用建筑设计

——详见《民用建筑设计统一标准》GB 50352—2019。

1. 阳台、外廊、室内回廊、内天井、上人屋面及室外楼梯等临空处应设置防护栏杆，并应符合下列规定（GB 50352—2019 中 6.7.3）。

（1）栏杆应以坚固、耐久的材料制作，并应能承受《建筑结构荷载规范》GB 50009—2012 及其他国家现行相关标准规定的水平荷载。

【说明】①住宅、宿舍、办公楼、旅馆、医院、托儿所、幼儿园，栏杆顶部的水平荷载应取 1.0kN/m；②学校、食堂、剧场、电影院、车站、礼堂、展览馆或体育场，栏杆顶部的水平荷载应取 1.0kN/m，竖向荷载应取 1.2kN/m，水平荷载与竖向荷载应分别考虑。

（2）当临空高度在 24.0m 以下时，栏杆高度不应低于 1.05m；当临空高度在 24.0m 及以上时，栏杆高度不应低于 1.1m。上人屋面和交通、商业、旅馆、医院、学校等建筑临开敞中庭的栏杆高度不应小于 1.2m。

（3）栏杆高度应从所在楼地面或屋面至栏杆扶手顶面垂直高度计算，当底面有宽度大于或等于 0.22m，且高度低于或等于 0.45m 的可踏部位时，应从可踏部位顶面起算。

（4）公共场所栏杆离地面 0.1m 高度范围内不宜留空。

2. 管道井、烟道和通风道应用非燃烧体材料制作，且应分别独立设置，不得共用（GB 50352—2019 中 6.16.1）。

2.3 工程资料管理规程

2.3.1 工程资料的分类

根据《建筑工程资料管理规程》JGJ/T 185—2009 规定，工程资料可分为"工程准备阶段文件、监理文件、施工文件、竣工图和工程竣工验收文件"5 类，具体分类如图 2-2 所示。

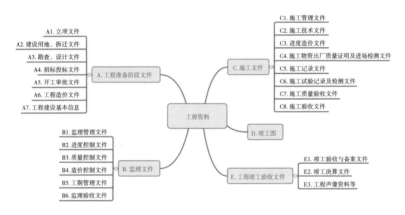

图 2-2 工程资料分类

2.3.2 工程资料的收集与编制原则

建筑工程资料应按照《建筑工程资料管理规程》JGJ/T 185—2009 进行收集、编制、整理。为了加强建筑工程资料档案管理，提高管理水平，真实反映工程管理和工程实体质量水平，许多如北京市、福建省、江苏省等都根据国家标准和本省的实际情况，制定了地方标准，进一步加强资料管理，如福建省的地方标准《福建省建筑工程施工文件管理规程》DBJ/T 13—56—2017。

2.3.3   工程资料的形成要求

1. 工程资料形成单位应对资料内容的真实性、完整性、有效性负责；由多方形成的资料，应各负其责。
2. 工程资料的填写、编制、审批、签认应及时进行，其内容应符合相关规定。
3. 工程资料不得随意修改；当需修改时，应实现划改，并由划改人签署。
4. 工程资料的文字、图表、印章应清晰。
5. 工程资料应为原件；当为复印件时，提供单位应在复印件上加盖单位印章，并应有经办人签字及日期。提供单位应对资料的真实性负责。
6. 工程资料应内容完整、结论明确、签认手续齐全。

2.3.4   工程资料管理的要求

1. 工程资料应与建筑工程建设过程同步形成，并应真实反映建筑工程的建设情况和实体质量。
2. 工程资料管理应制度健全、岗位责任明确，并应纳入工程建设管理的各个环节和各级相关人员的职责范围。
3. 工程资料的套数、费用、移交时间应在合同中明确。
4. 工程资料的收集、整理、组卷、移交及归档应及时。
5. 工程资料宜采用信息化技术进行辅助管理。

2.3.5   工程资料的收集、整理与组卷

工程资料的收集、整理与组卷应符合下列规定：
1. 工程准备阶段文件和工程竣工文件应由建设单位负责收集、

整理与组卷。

2. 监理资料应由监理单位负责收集、整理与组卷。

3. 施工资料应由施工单位负责收集、整理与组卷。

4. 竣工图应由建设单位负责组织，也可委托其他单位。

5. 工程资料组卷应编制封面、卷内目录及备考表，其格式及填写要求可按《建设工程文件归档规范》（2019年版）GB/T 50328—2014的有关规定执行。

2.3.6　工程资料移交与归档

1. 工程资料移交应符合下列规定：

（1）施工单位应向建设单位移交施工资料。

（2）实行施工总承包的，各专业承包单位应向施工总承包单位移交施工资料。

（3）监理单位应向建设单位移交监理资料。

（4）工程资料移交时应及时办理相关移交手续，填写工程资料移交书、移交目录。

（5）建设单位应按国家有关法规和标准的规定向城建档案管理部门移交工程档案，并办理相关手续。有条件时，向城建档案管理部门移交的工程档案应为原件。

2. 工程资料归档应符合下列规定：

（1）工程参建各方宜按《建筑工程资料管理规程》JGJ/T 185—2009的内容将工程资料归档保存。

（2）归档保存的工程资料，其保存期限应符合下列规定：

1）工程资料归档保存期限应符合国家现行有关标准的规定；当无规定时，不宜少于5年；

2）建设单位工程资料归档保存期限应满足工程维护、修缮、改造、加固的需要；

3）施工单位工程资料归档保存期限应满足工程质量保修及质量追溯的需要。

工程资料类别、来源及保存（与装饰装修项目相关资料节选）详见表2-5。

工程资料类别、来源及保存（与装饰装修项目相关资料节选）表 2-5

工程资料类别	工程资料名称		工程资料来源	工程资料保存			
				施工单位	监理单位	建设单位	城建档案馆
A 类	工程准备阶段文件						
A1 类	决策立项文件	项目建议书、可行性研究报告等	建设单位			●	●
A2 类	建设用地文件	建设用地批准文件等	土地行政管理部门			●	●
A3 类	勘查、设计文件	消防设计审核意见、施工图设计文件审查通知书及审查报告、施工图及设计说明等	设计及施工图审查单位	○	○	●	●
A4 类	招标投标及合同文件	施工招标投标文件及施工合同★	建设单位施工单位	●	○	●	●
A5 类	开工文件	建设工程规划许可证及其附件	建设行政管理部门	●	●	●	●
		工程质量安全监督注册登记	质量监督机构	○	○	●	●
		工程开工前的原貌影像资料	建设单位	●	●	●	●
A6 类	商务文件	工程投资估算资料	建设单位			●	
		工程设计概算资料	建设单位			●	
		工程施工图预算资料	建设单位			●	

工程资料类别	工程资料名称	工程资料来源	工程资料保存			
			施工单位	监理单位	建设单位	城建档案馆
B类		监理资料				
B1类 监理管理资料	监理实施细则	监理单位	○	●	●	●
	监理会议纪要	监理单位	○	●	●	
	工作联系单	监理单位 施工单位	○	●	○	
	监理工程师通知	监理单位	○	●	○	
	监理工程师通知回复单★	施工单位	○	●	○	
	工程暂停令	监理单位	○	●	○	●
	工程复工报审表★	施工单位	●	●	●	●
B2类 进度控制资料	工程开工报审表★	施工单位	●	●	●	●
	工程进度计划报审表★	施工单位	○	●	●	
B3类 质量控制资料	质量事故报告及处理资料	施工单位	●	●	●	
	旁站监理记录★	监理单位	○	●	●	
	见证取样和送检见证人员备案表	监理单位 或 建设单位	●	●	●	
	见证记录★	监理单位	●	●	●	
	工程技术文件报审表★	施工单位	○	○		
B4类 造价控制资料	工程款支付申请表	施工单位	○	○	●	
	工程款支付证书★	监理单位	○	○	●	
	工程变更费用报审单	施工单位	○	○	●	
	费用索赔申请表	施工单位	○	○	●	
	费用索赔审批表	监理单位	○	○	●	
B5类 合同管理资料	工程延期申请表	施工单位	●	●	●	●
	工程延期审批表	监理单位	●	●	●	●
	分包单位资质报审表	施工单位	●	●	●	

工程资料类别	工程资料名称		工程资料来源	工程资料保存			
				施工单位	监理单位	建设单位	城建档案馆
B6 类	竣工验收资料	单位（子单位）工程竣工预验收报审表★	施工单位	●	●	●	
		单位（子单位）工程质量竣工验收记录★★	施工单位	●	●	●	●
		单位（子单位）工程质量控制资料核查记录★	施工单位	●	●	●	●
		单位（子单位）工程安全和功能检验资料核查及主要工程抽查记录★	施工单位	●	●	●	●
		单位（子单位）工程感官质量检查记录★	施工单位	●	●	●	●
		工程质量评估报告	监理单位	●	●	●	●
C 类	施工资料						
C1 类	施工管理资料	工程概况表	施工单位	●	●	●	●
		施工现场质量管理检查记录	施工单位	○	○		
		企业资质证书及相关专业人员岗位证书	施工单位	○	○		
		分包单位资质报审表	施工单位	●	●	●	
		建筑工程质量事故调查、勘查记录	调查单位	●	●	●	●
		建筑工程质量事故报告书	调查单位	●	●	●	●
		施工检测计划	施工单位	○	○		
		见证记录	监理单位	●	●	●	
		见证试验检测汇总表	施工单位	●	●		
		施工日志	施工单位	●			
		监理工程师通知回复单	施工单位	○	○		

工程资料类别		工程资料名称	工程资料来源	工程资料保存			
				施工单位	监理单位	建设单位	城建档案馆
C2 类	施工技术资料	工程技术文件报审表	施工单位	○	○		
		施工组织设计及施工方案	施工单位	○	○		
		危险性较大的分部分项工程施工方案专家论证表	施工单位	○	○		
		技术交底记录	施工单位	○			
		图纸会审记录	施工单位	●	●	●	●
		设计变更通知单	设计单位	●	●	●	●
		工程洽商记录	施工单位	●	●	●	●
C3 类	进度造价资料	工程开工报审表	施工单位	●	●	●	●
		工程复工报审表	施工单位	●	●	●	●
		施工进度计划报审表	施工单位	○	○		
		施工进度计划	施工单位	○	○		
		人、材、料动态表	施工单位	○	○		
		工程延期申请表	施工单位	●	●	●	●
		工程款支付申请表	施工单位	○	○	●	
		工程变更费用报审表	施工单位	○	○	●	
		费用索赔申请表	施工单位	○	○	●	
C4 类	施工物资资料	出厂质量证明文件及检测报告					
		砂、石、砖、水泥、钢筋、隔热保温、防腐材料、轻集料出厂质量证明文件	施工单位	●	●	●	●
		材料、设备的相关检验报告、型式检测报告、3C 强制认证合格证书或 3C 标志	采购单位	●	○	○	
		主要设备、器具的安装使用说明书	采购单位	●	○	○	

工程资料类别		工程资料名称	工程资料来源	工程资料保存			
				施工单位	监理单位	建设单位	城建档案馆
C4类	施工物资资料	进口的主要材料设备的商检证明材料	采购单位	●	○	●	●
		涉及消防、安全、卫生、环保、节能的材料、设备的检测报告或法定机构出具的有效证明文件	采购单位	●	●	●	
		进场检验通用表格					
		材料、构配件进场检验记录	施工单位	○	○		
		设备开箱检验记录	施工单位	○	○		
		设备及管道附件试验记录	施工单位	●	○	●	
		进场复试报告					
		钢材试验报告	检测单位	●	●	●	●
		水泥试验报告	检测单位	●	●	●	●
		砂试验报告	检测单位	●	●	●	●
		碎（卵）石试验报告	检测单位	●	●	●	●
		外加剂试验报告	检测单位	●	●	○	●
		防水涂料试验报告	检测单位	●	○	●	●
		防水卷材试验报告	检测单位	●	○	●	●
		砖（砌块）试验报告	检测单位	●	●	●	●
		装饰装修用门窗复试报告	检测单位	●	●	●	●
		装饰装修用人造木板复试报告	检测单位	●	○	●	
		装饰装修用花岗岩复试报告	检测单位	●	○	●	
		装饰装修用安全玻璃复试报告	检测单位	●	○	●	
		钢结构用钢材复试报告	检测单位	●	●	●	●

工程资料类别		工程资料名称	工程资料来源	工程资料保存			
				施工单位	监理单位	建设单位	城建档案馆
C4类	施工物资资料	钢结构用防火涂料复试报告	检测单位	●	●	●	●
		钢结构用焊接材料复试报告	检测单位	●	●	●	●
		幕墙用铝塑板、石材、玻璃、结构胶复试报告	检测单位	●	●	●	●
C5类	施工记录	通用表格					
		隐蔽工程验收记录★	施工单位	●	●	●	●
		施工检查记录	施工单位	○			
		交接检查记录	施工单位	○			
		楼层平面放线记录	施工单位	○	○		
		楼层标高抄测记录	施工单位	○			
		防水工程试水检查记录★	施工单位	○		●	
		钢结构施工记录	施工单位	●		●	
		幕墙注胶检查记录	施工单位	●		●	
C6类	施工试验记录及检测报告	通用表格					
		接地电阻测试记录★	施工单位	●	○	●	●
		绝缘电阻测试记录★	施工单位	●	○	●	●
		专用表格					
		建筑与结构工程					
		砌筑砂浆试块强度统计、评定记录	施工单位	●		●	●
		外墙饰面砖样板粘结强度试验报告	检测单位	●	○	●	●
		后置埋件抗拔试验报告	检测单位	●	○	●	●
		超声波探伤报告、探伤记录	检测单位	●	○	●	●
		钢结构射线探伤报告	检测单位	●	○	●	●
		磁粉探伤报告	检测单位	●	○	●	●

工程资料类别	工程资料名称	工程资料来源	工程资料保存			
			施工单位	监理单位	建设单位	城建档案馆
C6类 施工试验记录及检测报告	高强度螺栓抗滑移系数检测报告	检测单位	●	○	●	●
	钢结构焊接工艺评定	检测单位	○	○	●	
	幕墙双组分硅酮结构密封胶混匀性及拉断试验报告	检测单位	●	○	●	●
	幕墙的抗风压性能、空气渗透性能、雨水渗透性能及平面内变形性能检测报告	检测单位	●	○	●	●
	外门窗的抗风压性能、空气渗透性能和雨水渗透性能检测报告	检测单位	●	○	●	●
	室内环境检测报告	检测单位	○	●		
	给水排水及采暖工程					
	灌（满）水试验记录★	施工单位	○	○	●	
	强度严密性试验记录★	施工单位	●	○	●	
	通水试验记录★	施工单位	○	○	●	
	冲（吹）洗试验记录★	施工单位	●	○	●	
	通球试验记录	施工单位	○	○	●	
	建筑电气工程					
	电气接地装置平面示意图	施工单位	●	○	●	●
	电气器具通电安全检查记录	施工单位	○	○	●	
	建筑物照明通电试运行记录	施工单位	●	○	●	●
	大型照明灯具承载力试验记录★	施工单位	●	○	●	
	漏电开关模拟试验记录	施工单位	●	○	●	
	智能建筑工程					

工程资料类别		工程资料名称	工程资料来源	工程资料保存			
				施工单位	监理单位	建设单位	城建档案馆
C6类	施工试验记录及检测报告	综合布线测试记录★	施工单位	●	○	●	●
		光纤损耗测试记录★	施工单位	●	○	●	●
		视频系统末端测试记录★	施工单位	●	○	●	●
		系统试运行记录★	施工单位	●	○	●	●
		通风与空调工程					
		风管漏光检测记录★	施工单位	○	○	●	
		风管漏风检测记录★	施工单位	●	○	●	
		现场组装除尘器、空调机漏风检测记录	施工单位	○	○	●	
		各房间室内风量检测记录	施工单位	●	○	●	
		管网风量平衡记录	施工单位	●	○	●	
		空调系统试运转调试记录	施工单位	●	○	●	●
C7类	施工质量验收记录	检验批质量验收记录★	施工单位	○	○	●	
		分项工程质量验收记录★	施工单位	●	●	●	
		分部（子分部）质量验收记录★★	施工单位	●	●	●	●
C8类	竣工验收记录	工程竣工报告	施工单位	●	●	●	
		单位（子单位）工程竣工预验收报验表★	施工单位	●	●	●	
		单位（子单位）工程质量控制资料核查记录★★	施工单位	●	●	●	●
		单位（子单位）工程安全和功能检验资料核查及主要功能抽查记录★	施工单位	●	●	●	●
		单位（子单位）工程感官质量检查记录★	施工单位	●	●	●	●
		施工决算资料	施工单位	○	○	●	●
		施工资料移交书	施工单位	●		●	

工程资料类别	工程资料名称		工程资料来源	工程资料保存			
				施工单位	监理单位	建设单位	城建档案馆
C8 类	竣工验收记录	房屋建筑工程质量保修书	施工单位	●	●	●	
		C 类其他资料					
D 类		竣工图					
	竣工图	建筑装饰装修竣工图	幕墙竣工图	编制单位	●		●	●
			室内装饰竣工图	编制单位	●		●	
D 类		建筑给水、排水与供暖竣工图		编制单位	●		●	●
		建筑电气竣工图		编制单位	●		●	●
		智能建筑竣工图		编制单位	●		●	●
		通风与空调竣工图		编制单位	●		●	●
		室外工程竣工图	室外给水排水、供暖、供电、照明管线等竣工图					
E 类		工程竣工文件					
	竣工验收文件	单位（子单位）工程质量竣工验收记录 ★★	施工单位	●	●	●	●
		设计单位工程质量检查报告	设计单位	○	○	●	●
		工程竣工验收报告	建设单位	●	●	●	●
E1 类		规划、消防、环保等部门出具的认可文件或准许使用文件	政府主管部门	●	●	●	●
		房屋建筑工程质量保修书	施工单位	●	●	●	●
		建设工程竣工验收备案表	建设单位	●		●	●
E2 类	竣工决算资料	施工决算资料 ★	施工单位	○	○	●	

工程资料类别		工程资料名称	工程资料来源	工程资料保存			
				施工单位	监理单位	建设单位	城建档案馆
E3 类	竣工交档文件	工程竣工档案预验收意见	城建档案管理部门			●	●
		施工资料移交书★	施工单位	●		●	
		监理资料移交书★	监理单位		●	●	
		城市建设档案移交书★	建设单位			●	
E4 类	竣工总结文件	工程竣工总结	建设单位			●	●
		竣工新貌影像资料	建设单位	●		●	●

注：1. 表中工程资料名称与资料保存单位所对应的栏中"●"表示"归档保存"；"○"表示"过程保存"，是否归档保存可自行确定。

2. 表中注明"★"的资料，宜由施工单位和监理单位或建设单位共同形成；表中注明"★★"的资料，宜由建设、设计、监理、施工等多方共同形成。

3. 表中各项记录等资料样本详见《建筑工程资料管理规程》JGJ/T 185—2009。

与装饰装修相关的分部（子分部）工程代号索引详见表2-6。

分部（子分部）工程代号索引　　　表2-6

分部工程代号	分部工程名称	子分部工程代号	子分部工程名称	分项工程名称	备注
02	主体结构	02	砌体工程	砖砌体，混凝土小型空心砌块砌体，石砌体，配筋砌体，填充墙砌体	
03	建筑装饰装修	01	抹灰	一般抹灰，保温层薄抹灰，装饰抹灰，清水砌体勾缝	
		03	门窗	木门窗安装，金属门窗安装，塑料门窗安装，特种门安装，门窗玻璃安装	
		04	吊顶	整体面层吊顶，板块面层吊顶，格栅吊顶	
		05	轻质隔墙	板材隔墙，骨架隔墙，活动隔墙，玻璃隔墙	
		06	饰面板	石板安装，陶瓷板安装，木板安装，金属板安装，塑料板安装	
		07	饰面砖	外墙饰面砖粘贴，内墙饰面砖粘贴	

分部工程代号	分部工程名称	子分部工程代号	子分部工程名称	分项工程名称	备注
03	建筑装饰装修	08	幕墙	玻璃幕墙安装,金属幕墙安装,石材幕墙安装,陶板幕墙安装	单独立卷
		09	涂饰	水性涂料涂饰,溶剂型涂料涂饰,美术涂饰	
		10	裱糊与软包	裱糊,软包	
		11	细部	橱柜制作与安装,窗帘盒和窗台板制作与安装,门窗套制作与安装,护栏和扶手制作与安装,花饰制作与安装	
		12	建筑地面	基层铺设,整体面层铺设,板块面层铺设,木、竹面层铺设	
05	建筑给水排水及采暖	01	室内给水系统	给水管道及配件安装,给水设备安装,室内消火栓系统安装,消防喷淋系统安装,防腐,绝热,管道冲洗、消毒,试验与调试	
		02	室内排水系统	排水管道及配件安装,雨水管道及配件安装,防腐,试验与调试	
		03	室内热水系统	管道及配件安装,辅助设备安装,防腐,绝热,试验与调试	
		04	卫生器具	卫生器具安装,卫生器具给水配件安装,卫生器具排水管道安装,试验与调试	
06	通风与空调	01	送风系统	风管与配件制作,部件制作,风管系统安装,风机与空气处理设备安装,风管与设备防腐,旋流风口、岗位送风口、织物(布)风管安装,系统调试	
		02	排风系统	风管与配件制作,部件制作,风管系统安装,风机与空气处理设备安装,风管与设备防腐,吸风罩及其他空气处理设备安装,厨房、卫生间排风系统安装,系统调试	
		03	防排烟系统	风管与配件制作,部件制作,风管系统安装,风机与空气处理设备安装,风管与设备防腐,排烟风阀(口)、常闭正压风口、防火风管安装,系统调试	

分部工程代号	分部工程名称	子分部工程代号	子分部工程名称	分项工程名称	备注
06	通风与空调	04	除尘系统	风管与配件制作，部件制作，风管系统安装，风机与空气处理设备安装，风管与设备防腐，除尘器与排污设备安装，吸尘罩安装，高温风管绝热，系统调试	
		11	空调（冷、热）水系统	管道系统及部件安装，水泵及附属设备安装，管道冲洗，管道、设备防腐，冷却塔与水处理设备安装，防冻伴热设备安装，管道、设备绝热，系统压力试验及调试	
07	建筑电气	05	电气照明	成套配电柜、控制柜（屏、台）和照明配电箱（盘）安装，梯架、支架、托盘和槽盒安装，导线敷设，管内穿线和槽盒内敷线，塑料护套线直敷布线，钢索配线，电缆头制作、导线连接和线路绝缘测试，普通灯具安装，专用灯具安装，开关、插座、风扇安装，建筑照明通电试运行	
		07	防雷及接地	接地装置安装，防雷引下线及接闪器安装，建筑物等电位连接，浪涌保护器安装	
08	智能建筑	01	智能化集成系统	设备安装，软件安装，接口及系统调试，试运行	
		05	综合布线系统	梯架、托盘、槽盒和导管安装，线缆敷设，机柜、机架、配线架安装，信息插座安装，链路或信道测试，软件安装，系统调试，试运行	单独立卷
		16	安全技术防范系统	梯架、托盘、槽盒和导管安装，线缆敷设，设备安装，软件安装，系统调试，试运行	单独立卷
		19	防雷与接地	接地装置，接地线，等电位连接，屏蔽设施，电涌保护器，线缆敷设，系统调试，试运行	
09	建筑节能	03	电气动力节能	配电与照明节能	

第 3 章

创优工程迎检

3.1 公共建筑装饰类

3.1.1 公共建筑类工程资料复查内容

3.1.1.1 必要文件

必要文件需审查原件，若必要文件有一项不合格或不符合要求，取消评审资格。

1. 企业法人证照（原件）、资质等级证书（原件）、安全生产许可证（原件）。

注：此3项上一年度参评企业提供加盖本公司公章的复印件即可。

2. 项目经理注册建造师证书（原件）、安全生产考核合格证（原件）。

3. 中标通知书（原件），建筑工程施工许可证相关材料。核实原件存放处，重点关注中标价（不少于1000万元）、项目经理（与申报项目经理一致）。

4. 施工合同（原件）、合同金额、结算金额。核实施工合同原件存放处，关注合同价（不少于1000万元）、项目经理（与申报项目经理一致）。

5. 工程竣工验收资料（原件）。竣工资料要求胶装并装订成册，每册厚度约2cm。总目录、分册目录齐全、页码齐全查找方便。核实资料原件存放处，重点关注中标价（不少于1000万元）、项目经理（与申报项目经理一致），提交申报资料时以原件为主。

竣工资料在收集、整理的过程中，应注意以下问题：

（1）施工组织设计有针对性、施工组织设计经过内部审批形成有效文件（编制人：项目技术负责人；审核人：项目经理；审批人：公司技术负责人）；

（2）隐蔽验收附节点详图；

（3）检验批划分正确；

（4）施工日志填写齐全，主要施工行为有记录（如测量放线、卫生间防水施工、蓄水实验、大型吊灯的过载试验等活动）；

（5）技术交底齐全、内容有针对性；

（6）水电安装资料整齐。

6.消防验收资料（原件）。提交申报资料时以原件为主，通常申报单位留存复印件，要落实原件存放处，确认检查中能提供原件。要求工程名称、验收范围、消防部门公章、日期必须齐全，结论为合格。注意消防验收时间应符合所申报奖项对工程竣工验收时间的要求，验收意见书中提出的整改意见如涉及装饰部分应有复查记录。消防验收意见书编号是唯一的，如："榕公消检字（2017）第16016号"。

7.室内环境质量检查验收报告（原件）。室内环境检测报告需由国家权威部门认可的检测机构出具，主要检测对象为甲醛、苯、甲苯、二甲苯、总挥发有机物（TVOC）、氨、氡等室内主要的污染物以及室内空气本身质量（关注检测点位是否含申报单位施工部位）。规定应抽检建筑单体有代表性的房间，数量不少于总数的5%，且不少于3间，不足3间应全数检测。每个房间的检测点数为：

（1）面积为 $0 \sim 50m^2$ 的房间检测点数为1个；

（2）面积为 $50 \sim 100m^2$ 的房间检测点数为2个；

（3）面积为 $100 \sim 500m^2$ 的房间检测点数为大于或等于3个；

（4）面积为 $500 \sim 1000m^2$ 的房间检测点数为大于或等于5个。

3.1.1.2 工程安全证明资料

1.改动建筑主体、承重结构、增加结构荷载，必须具有经设计及有关单位的认可文件（注：需审查原件，若无改动，需建设单位出具未改动建筑主体的证明）。

2.大型灯具安装的荷载试验和相关隐蔽资料、构架节点图（图3-1、图3-2、表3-1）（注：固定装置无明显变形则判定合格）。

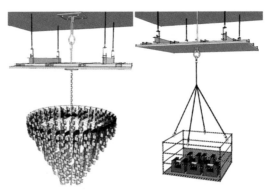

图 3-1 大型灯具安装
示意图

图 3-2 大型灯具过载
试验图

大型灯具安装过载试验记录　　　　　　　　表 3-1

工程名称	××万丽酒店精装修项目		施工单位	××工程有限公司
总包单位	××建工集团有限公司		监理单位	××监理工程有限公司
建设单位	××实业发展股份有限公司		日　期	2018年2月1日

序号	部位	灯具型号及重量（kg）	试验荷载（kg）	试验时间（min）	试验情况	试验结论
1	32层行政餐厅02	水晶吊灯GMD1-D1200 15kg	75	20	根据设计要求和灯具产品技术规定，预埋φ16mm圆钢作为灯具的固定及悬吊装置，经5倍过载试验、试验载重为75kg，试验时间为15min，其固定及悬吊装置牢固可靠，未见变形	符合要求

检查意见：32 层行政餐厅 02 使用的灯具、型号设计符合要求，经 5 倍的灯具重量做过载试验，符合设计要求及《建筑电气工程施工质量验收规范》GB 50303—2015 的规定，试验合格

验收意见：验收合格

施工单位	总包单位	监理单位	建设单位
试验员： 项目经理：	项目经理：	监理工程师：	项目负责人：
2018 年 02 月 01 日	2018 年 02 月 04 日	2018 年 02 月 02 日	2018 年 02 月 05 日

说明：

1. 凡灯具重量大于 3kg，吊钩规格不应小于灯具挂钩直径，且安装应牢固，当灯具重量在 10kg 以上时，预埋吊钩应做过载试验。

2. 分项工程名称：按实际发生的分项填写。

3. 序号：按施工图纸大型灯具编号顺序填写。

4. 部位：按灯具所在楼层、区段填写。

5. 灯具重量：灯具自重加灯泡重量，单位：kg。

6. 试验荷载：试验荷载重量不小于灯具重量的 5 倍，试验时间不小于 15min，观察吊钩不变形为合格。

7. 试验结论：当满足上述要求时可填写满足规范规定。

过载试验方法：

试验前期准备工作：

1）设计一个自重不大于灯具重量的简易金属吊篮，如图 3-2 所示。

2）购置合适规格及一定数量的标准砝码用作过载试验的重量计量。

3）经计量核准的磅秤或天平一台。

过载试验具体操作步骤如下：

1）核对结构设计文件，结构顶板吊点可载荷大于 5 倍灯具重量，确保过载试验对结构不造成破坏。

2）称量包括金属吊篮在内等于灯具重量的标准砝码吊挂于受检装置下，观察 15min 并作记录。

3）称量二分之一试验重量标准砝码加置于吊篮内，令总重量（吊篮＋砝码）达到 5 倍灯具重量的二分之一后观察 **15min** 并记录。

4）称量余下的二分之一试验重量标准砝码加置于吊篮内，令总重量（吊篮＋砝码）达到 5 倍灯具重量后观察 2 ～ 3h 并做记录。

注：考虑现场操作各种因素，控制试验用时不超过 **4h** 为宜。试验期间周围必须做好安全保护措施，并派出专人负责监控。

当试验时间达到预定时间或出现受检装置破坏后，开始卸荷，卸荷前认真检查悬吊装置锚钩是否有变形和吊钩被拉直等现象，连接预埋件或后置埋件的焊缝是否有拉裂现象，预埋件或后置埋件是否有被拉松等现象。如果发现有上述现象，应评定受检装置不符合要求，可建议马上采取加强补救措施，或彻底更换整个悬吊装置，把安全隐患彻底清除。反之，如无出现上述情况，则这个悬吊装置是安全和可靠的，能满足悬吊功能。试验完毕后，做好检测观察记录，参检各方现场代表签证，以备日后查阅。

3. 室内石材墙柱面干挂节点图（图 3-3）、拉拔试验报告及其材料合格证、检测报告、隐蔽验收记录等。后置埋件拉拔试验器材如图 3-4 所示（注：拉拔试验报告应包含试验部位、样品规格与数量、试验依据和结论、试验日期和签字以及盖章。拉拔试验以设计标准值为依据，连续加载、荷载减低比例不超过 5%，且试件、基材无位移和破损变化）。

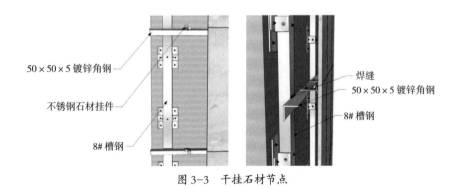

50×50×5 镀锌角钢

不锈钢石材挂件

8# 槽钢

焊缝
50×50×5 镀锌角钢
8# 槽钢

图 3-3　干挂石材节点

4. 饰面板工程的预埋件、后置埋件、连接件的施工必须按施工技术方案施工，其数量、规格、位置、安装方法和承载力必须符合设计要求（图3-4）。

图3-4　后置埋件拉拔试验器材

5. 建筑用玻璃和金属护栏的栏板栏杆应做软重物体撞击性能试验，主要包括以下试验：

（1）水平推力试验。以超过设计荷载值和规范标准值对栏杆施加水平作用荷载，外观无破损且无较大位移，处于弹性工作范围，判定合格（GB 50009—2012）。

（2）软重物体撞击试验。以45kg软重物体，撞击能量为300N·m的冲击力作用在护栏栏杆和栏板上，试件位移不超过栏杆高度的1/25为标准，并且连接件等无松动，判定合格（JG/T 342—2012）。

（3）栏杆锚固试验。对栏杆锚固系统进行静力受拉，受剪和受弯试验，满足要求则判定合格（JG/T 473—2016）。

6. 卫生间地面蓄水试验相关记录。卫生间防水蓄水试验应进行两次蓄水试验，一次蓄水试验在防水层施工结束后，蓄水时间24h；二次蓄水试验在卫生间块材地面镶贴结束后，蓄水时间24h。

7. 过顶石施工相关记录。由于石材具有一定的重量，存在安全隐患。在悬挂时应采取加固措施，不得按照普通墙面干挂工艺施工。

8. 必须符合验收规范的强制性条文（局部不符合者必须限期整改）。

3.1.1.3 材质证明

材质证明文件应装订整齐附目录，资料字迹清楚可辨识，文件真实齐全，内容准确。

1. 主要装饰材料的合格证、检测报告（包括但不局限于）：

（1）钢材合格证、检测报告；

（2）水泥合格证、检测报告；

（3）砖（砌块）出厂合格证、检测报告；

（4）防水和保温材料合格证、检测报告；

（5）饰面板（砖）产品合格证、检测报告；

（6）吊顶、隔墙龙骨产品合格证、检测报告；

（7）隔墙墙板、吊顶、隔墙面板产品合格证、检测报告；

（8）人造木板合格证、检测报告；

（9）玻璃产品合格证、检测报告；

（10）室内用大理石、花岗石、地砖及无机非金属材料合格证、检测报告；

（11）涂料产品合格证、检测报告；

（12）裱糊用壁纸、墙布产品合格证、检测报告；

（13）软包面料、内衬产品合格证、检测报告；

（14）小五金合格证、检测报告；

（15）结构胶合格证、检测报告。

2.《民用建筑工程室内环境污染控制标准》GB 50325—2020 规定：

（1）民用建筑室内装饰装修中所采用的天然花岗石石材或瓷质砖使用面积大于 $200m^2$ 时，应对不同产品、不同批次材料分别进行放射性指标的抽查复验；

（2）民用建筑室内装饰装修中所采用的人造木板及其制品进场时，施工单位应查验其游离甲醛释放量检测报告；

（3）民用建筑室内装饰装修中所采用的人造木板面积大于 $500m^2$ 时，应对不同产品、不同批次材料的游离甲醛释放量分别进行抽查复验。

3. 进场材料报验记录。

所有进场材料应对品种、规格、外观和尺寸进行验收。材料包装应完好，应有产品合格证书、中文说明书及相关性能的检测报告。进口材料报验与普通进场材料报验要求一致。此外，进口产品应按规定进行商品检验。

材料报验比较容易漏项的主要有 GRG、焊条、玻璃（镜）、玻璃胶、AB 胶、干挂件等小五金材料。

4.材料复试报告应为原件，重点对复试的项目内容、技术参数、检测数据、判定结论、检测日期等要素进行复查。主要装饰材料复试清单（包括但不局限于）见表 3-2。

主要装饰材料复试清单　　　　　　表 3-2

序号	材料名称	材料物理性复试	材料环保性复试	燃烧性能复试
1	水泥	√		
2	钢材	√		
3	纸面石膏板	√	√	√
4	细木工板		√	√
5	大理石		√	
6	花岗岩		√	
7	涂料		√	
8	抛光砖	√	√	
9	抹灰砂浆	√		
10	界面剂	√		
11	防火涂料			√
12	玻璃棉板			√
13	膨胀螺栓	√		
14	防水涂料	√		
15	AB 胶	√		
16	电线	√		√
17	PVC 电线导管	√		√
18	开关、插座面板	√		√

続表

序号	材料名称	材料物理性复试	材料环保性复试	燃烧性能复试
19	防水材料	√		
20	腻子		√	
21	砂	√		
22	复合地板		√	√
23	白乳胶		√	
24	地毯			√
25	壁纸			√
26	阻燃胶合板		√	√
27	窗帘			√

材质证明与复试报告可对照检查，复试报告的种类与数量应符合进场报验单的内容和批次。

3.1.1.4 施工文件

1. 施工组织设计，专项施工方案

施工组织设计要求条文清晰，目录详细，施工技术描述应符合现场情况、具有针对性。施工组织设计内应明确关键工序（特殊工序）并具备关键工序施工方案。施工组织设计应明确与合同约定相符的创优目标及创优措施。应具备施工进度计划（按合同工期）、施工平面布置图。施工组织设计应先经过公司内部审批，形成有效文件。

2. 技术交底记录

技术交底应按分项工程进行针对性交底，不得遗漏，交底结束后保留纸质文件，并附上全数交底人员与被交底人员签字确认。

3. 施工日志

施工日志应填写齐全、重点质量活动应记录（如放线、防水施工、蓄水试验等），施工日记的填写要求包括：

（1）日期、天气、气温、工程名称、施工部位、施工内容、应用的主要工艺；

（2）人员、材料、机械到场及运行情况；

（3）材料消耗记录、施工进展情况记录、施工是否正常；

（4）外界环境、有无意外停工、有无质量问题存在；

（5）施工安全情况；

（6）监理到场及对工程认证和签字情况；

（7）有无上级或监理指令及整改情况等；

（8）记录人员要签字，主管领导定期阅签。

3.1.1.5　隐检记录

隐蔽工程应与检验批验收相对应。应附节点详图，特别是石材干挂节点、水平石材干挂件与石材连接节点、大型吊灯预埋件节点、墙面、顶面玻璃安装固定措施的节点、玻璃栏板根部固定方式的节点、伸缩缝节点。

隐检记录主要包括（包括但不局限于）：

（1）门窗预埋件和锚固件的隐蔽工程验收记录；

（2）护栏与预埋件的连接点，预埋件隐蔽验收记录；

（3）吊顶工程隐蔽验收记录；

（4）轻质隔墙工程隐蔽验收记录；

（5）饰面板（砖）工程隐蔽验收记录；

（6）干挂饰面板（砖）骨架隐蔽验收记录；

（7）玻璃安装隐蔽验收记录；

（8）有防水要求的地面蓄水试验记录；

（9）大型灯具后置埋件隐蔽验收记录。

3.1.1.6　质量验收

质量验收资料须四方盖章齐全，签字手续完备，时间应为报优上一年6月30日前。内容填写规范、签字盖章手续齐全、结论正确。

下列为装饰装修工程主要质量验收记录（包括但不局限于）：

（1）检验批质量验收记录；

（2）分项工程质量验收记录；

（3）分部工程质量验收记录；

（4）单位（子单位）工程质量竣工验收记录；

（5）单位（子单位）工程安全和功能检验资料核查及主要功能抽查记录；

（6）单位（子单位）工程观感质量检查记录；

（7）单位工程质量控制资料核查记录。

3.1.1.7 竣工图

1.竣工图应符合下列要求：

（1）竣工图应按《建设工程文件归档规范》（2019 年版）GB/T 50328—2014 装订成册，加盖竣工图章，签字齐全。

（2）主要部位的竣工图与实际应相符。

（3）要有石材干挂的钢结构节点图。

（4）施工图设计单位应与竣工验收记录中的设计单位一致，图签栏签字齐全。重新绘制的竣工图应有原单位设计人员签字。

（5）竣工图章应采用红印，如图 3-5 所示，应分别有两个单位（施工单位、监理单位）和五人签名（编制人、审核人、技术负责人、总监理工程师和监理工程师）。

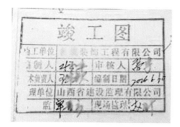

竣 工 图			
施工单位			
编制人		审核人	
技术负责人		编制日期	
监理单位			
总监理工程师		监理工程师	

图 3-5　竣工图章

2.竣工图复查的侧重点有：

（1）转换层构造；

（2）墙面石材干挂；

（3）过顶石构造；

（4）栏板栏杆；

（5）大型活动隔断；

（6）玻璃镜面；

（7）重型悬挂结构；

（8）变形缝构造。

3.1.1.8　节能设计

能体现节能的设计理念，如绿色照明技术应用（节能灯）等节能、节水、节材设计，充分利用自然资源的设计。

3.1.2　公共建筑类工程实体复查内容

3.1.2.1　吊顶工程

1. 一般感观

（1）天花各类终端设备口要求做整体规划，位置无凌乱、不影响美观，与面板交接严密；检修口做收边处理或收口精细协调；

（2）采用成品构件的检修口、检修孔，效果实用美观；

（3）阴阳角方正，收口收边严密、顺直，无变形明显。

2. 石膏板吊顶

（1）板面平整、顺畅，无裂缝或修痕；

（2）迭级造型吊顶平直，侧板通顺垂直，灯管无外露。

3. 金属板吊顶

（1）板块排列美观，板缝顺直、宽窄均匀；

（2）板面无明显下挠变形，无不干净区域；

（3）边龙骨无变形，与板面接触严密。

4. 纤维板块吊顶

（1）板面安装严密、板缝均匀，收口条平直；

（2）明龙骨顺直，接缝严密，设备口居板中。

5. 玻璃吊顶

（1）局部天花须使用安全玻璃，连接可靠；

（2）图案花饰连续、吊顶表面洁净，接缝严密、均匀（图3-6）。

6. 吊顶内部

吊顶内防火涂料的涂刷情况，局部禁止有裸线现象或者使用PVC管的情况；吊杆超长须做刚性反支撑；龙骨设置间距符合规范要求。没有电器设备和线路混用吊杆现象；吊顶内防火分区到位。

图 3-6　玻璃吊顶

7. 吊顶灯具

安装在公共场所的大型灯具的玻璃罩,须采取防止玻璃罩向下溅落的措施(图 3-7)。

图 3-7　高空大型灯具玻璃防溅落

3.1.2.2　墙柱面工程

1. 一般感观

墙面阴阳角方正、顺直;电器面板与墙面顺色;交接严密。

2. 饰面砖工程

(1)饰面砖粘贴牢固、湿贴石材、瓷砖不允许出现空鼓、表面不平整、色泽不一致、排砖不正确的情况;

（2）饰面砖缝均匀，勾缝清晰，无污染；

（3）《建筑装饰装修工程质量验收标准》GB 50210—2018 规定饰面砖粘贴必须牢固，必要时可按照《建筑工程饰面砖粘结强度检验标准》JGJ/T 110—2017 进行粘结强度检测或邀请第三方权威机构进行饰面砖粘结强度检测并出具相关纸质报告。

3.饰面板工程

（1）石材墙柱面接缝平整、无缺损、接缝打磨，修补无明显痕迹。

（2）石材墙面无透胶污染、湿贴石材墙柱面无"返碱"或"水渍"现象。

（3）吊顶、梁下部、门套上部吊挂石材统称为过顶石。当设计有石材过顶石时，能用替代材料的尽量用替代材料，一定要用石材的，在悬挂时须采用加固措施。有三种比较安全的安装工艺：背槽、背栓、框架承重，要求石材厚度达到 **30mm**（图 3-8）。

过顶石

（a）"背栓"工艺

（b）"背槽"工艺

（c）"铝蜂窝板复合"工艺

图 3-8　过顶石及其安装工艺

（4）石材幕墙金属挂件与石材固定材料宜选用环氧树脂胶，严禁选用不饱和聚酯类胶粘剂或云石胶。

（5）金属饰面板表面平整、色泽一致、板缝均匀平直、板面无明显划痕或污渍，胶缝平直。

（6）木饰面板表面平整，无翘曲、开裂、离缝、接缝不严密、色泽不均匀、钉眼明显的现象。此外，木饰面板需经过防火处理。

（7）饰面板工程的骨架内须进行防火分区。

（8）《建筑内部装修设计防火规范》GB 50222—2017规定：当胶合板表面涂覆一级饰面型防火涂料时，可作为 **B1** 级装修材料使用。当胶合板用于顶棚和墙面装修并且不内含电器、电线等物体时，宜仅在胶合板外表面涂覆防火涂料；当胶合板用于顶棚和墙面装修并且内含电器、电线等物体时，胶合板的内、外表面以及相应的木龙骨应涂覆防火涂料，或采用阻燃浸渍处理达到 **B1** 级。

4. 裱糊与软包

（1）壁纸粘贴无不牢、翘边、空鼓的现象；拼接处花纹、图案协调、拼缝处无离缝。

（2）软包饰面平整、布面走向一致、面料四周绷压严密、布面严实、边角圆润饱满。

5. 玻璃板墙面

（1）玻璃板安装必须牢固、须按规范要求使用安全玻璃。

（2）接缝平直、勾缝严密平整。

（3）《建筑玻璃应用技术规程》JGJ 113—2015规定：

当栏板玻璃（图3-9）最低点离一侧楼地面高度在 **3m** 或 **3m**

图3-9 临空玻璃栏板

以上、5m 或 5m 以下时，应使用公称厚度不小于 16.76mm 钢化夹层玻璃。当栏板玻璃最低点一侧楼地面高度大于 5m 时，不得使用承受水平荷载的栏板玻璃。

（4）《玻璃幕墙工程技术规范》JGJ 102—2003 规定：当与玻璃幕墙相邻的楼面外缘无实体墙时，应设置防撞装置（图 3-10）。

图 3-10　玻璃幕墙防撞装置

（5）室内饰面用玻璃应符合下列规定：

1）室内饰面玻璃可采用平板玻璃、釉面玻璃、镜面玻璃、钢化玻璃和夹层玻璃等，其许用面积应符合《建筑玻璃应用技术规程》JGJ 113—2015 的规定；

2）当室内饰面玻璃最高点离楼地面高度在 3m 或 3m 以上时，须使用夹层玻璃；

3）室内饰面玻璃边部须进行精磨和倒角处理，自由边进行抛光处理；

4）室内消防通道墙面不宜采用饰面玻璃；

5）室内饰面玻璃可采用点式幕墙和隐框幕墙安装方式。龙骨应与室内墙体或结构楼板、梁牢固连接。龙骨和结构胶须通过结构计算确定。

6.涂饰墙面

油漆、涂料色泽均匀、表面光滑，无明显、流坠污染、阴角凹槽不干净等缺陷。

7.门窗安装

（1）木门窗（扇）无扭曲变形、缝隙大、关闭不严密，合页安装粗糙，门窗扇上端未油漆、卫生间门下未油漆的情况。

（2）玻璃门门扇无下坠及拉手松动、缝隙不均匀或过宽现象。

（3）铝合金门窗固定牢固，门窗扇无下坠、开启灵便，无明显划痕的情况。

（4）窗台高度要求：

1）临空的窗台高度应不低于0.8m（住宅为0.9m）（图3-11）；

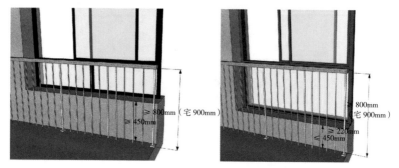

图3-11　窗台内侧防护栏

2）低于规定窗台高度的窗台，简称低窗台，应采取防护措施，如采用护栏或在窗下部设置相当于栏杆高度的防护固定窗，且在防护高度设置横档窗框（图3-12）；

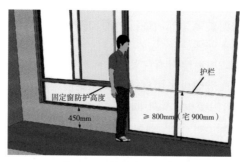

图3-12　低窗台防护高度

3）凡窗台高度大于 0.22m 的窗台，且低于 0.45m 的窗台，可供人攀爬站立时，护栏或固定窗扇的防护高度一律从窗台算起，护栏应贴窗设置（图 3-13）。

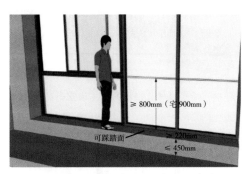

图 3-13　低窗台（可踩踏）防护高度

8. 家具及细部工程

（1）木质固定家具门扇无翘曲变形，与顶棚、墙体交接严密、顺直。

（2）阳角线、挂镜线、腰线、踢脚线接口无明显高低不平，无装饰线收口不好的现象。

（3）《民用建筑设计统一标准》GB 50352—2019 规定：

1）栏杆应以坚固、耐久的材料制作，并能承受荷载规范规定的水平荷载；

2）临空高度在 24m 以下时，栏杆高度不应低于 1.05m，临空高度在 24m 及以上（包括中高层住宅）时，栏杆高度不应低于 1.10m（注：栏杆高度应从楼地面或屋面至栏杆扶手顶面垂直高度计算，如底部有宽度大于或等于 0.22m，且高度低于或等于 0.45m 的可踏部位，应从可踩踏部位顶面起计算）（图 3-14）；

3）公共场所栏杆离地面 0.1m 高度范围内不宜留空；

4）住宅、托儿所、幼儿园、中小学及其他少年儿童专用活动场所的栏杆必须采取防止攀爬的构造。当采用垂直杆件做栏杆时，其杆件净间距不应大于 0.11m（图 3-15）；

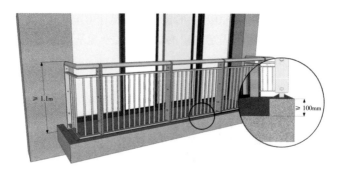

图 3-14 临空栏杆及挡水高度（临空高度 ≥ 24m）

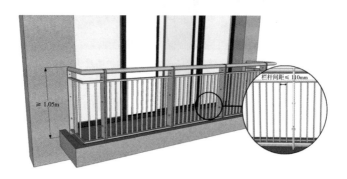

图 3-15 临空栏杆及立杆间距（临空高度 < 24m）

5）文化娱乐建筑、商业服务建筑、体育建筑、园林景观建筑等允许少年儿童进入活动的场所，当采用垂直杆件做栏杆时，其杆件净距也不应大于 0.11m。

9. 洁具安装

（1）洗手台板和卫浴设备靠墙、地部位应采取防水措施、接缝均匀、安装牢固；

（2）卫浴间成品隔断和配件安装须牢固、平整；

（3）《建筑给水排水及采暖工程施工质量验收规范》GB 50242—2002 规定卫生器具的支、托架必须防腐良好，安装平整、牢固，与器具接触紧密、平稳（图 3-16）。

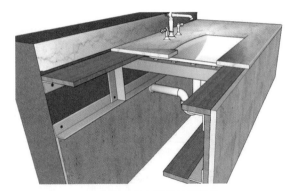

图 3-16 卫生器具托架做法

10. 电气面板安装

（1）《建筑设计防火规范》（2018 年版）GB 50016—2014 中 11.2.4 规定，开关、插座和照明灯具靠近可燃物时，应采取隔热、散热等防火保护措施。安装在木饰面、软包、硬包墙面上的开关、插座除按要求准确接线外，应特别注意：

1）在饰面板内应增加一个暗盒，防止从原建筑墙面预留的暗盒直接引出电线接入开关、插座中；

2）与饰面板相连的暗盒，应加防火垫片；

3）引入新增暗盒中的电线应加装防护套管，电线不得裸露。

（2）《建筑电气工程施工质量验收规范》GB 50303—2015 规定暗装的插座盒和开关应与饰面平齐，盒内干净整洁，无锈蚀，绝缘导线不得裸露在装饰层内；面板应紧贴饰面、四周无缝隙、安装牢固，表面光滑、无碎裂、划伤，装饰帽（板）齐全。

（3）《建筑电气照明装置施工与验收规范》GB 50617—2010 中，关于嵌入式灯具安装应符合下列规定：

1）灯具的边框应紧贴安装面；

2）多边形灯具应固定在专设的框架或专用吊链（杆）上，固定用的螺钉不应少于 4 个；

3）接线盒引向灯具的电线应采用导管保护，电线不得裸露（图 3-17）；导管与灯具壳体应采用专用接线头连接。当采用金属软管时，其长度不宜大于 1.2m。

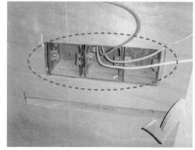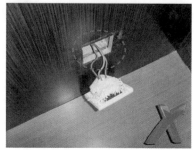

图 3-17　灯具接线及导管保护

（4）消火栓箱的安装应符合下列规定：

1）暗装的消火栓箱不应破坏隔墙的耐火性能；

2）消火栓箱门的开启不应小于 120°（图 3-18）；

3）消火栓箱门上应用红色字体注明"消火栓"字样（图 3-19）。

（5）安装在顶棚上的探测器边缘与下列设施的边缘水平间距宜保持在（图 3-20）：

1）与照明灯具的水平净距不应小于 0.2m；

2）感温探测器距高温光源灯具的净距不应小于 0.5m；

3）距电风扇的净距不应小于 1.5m；

4）距不凸出的扬声器净距不应小于 0.1m；

5）与各种自动喷水灭火喷头净距不应小于 0.3m；

6）距多孔送风顶棚孔口的净距不应小于 0.5m；

7）与防火门、防火卷帘的间距，一般在 1～2m 的适当位置。

图 3-18　消火栓箱门开启角度

图 3-19　"消火栓"字样

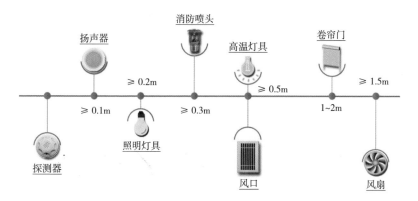

图 3-20　顶棚探测器边缘与各类设施边缘距离分布图

3.1.2.3　地面工程

1. 一般感观

地面标高准确，与客梯和用水间配合好，地面平整度高，坡向正确，无色差。

2. 木地板地面

条形地板铺设方向正确，板面严实无响动，拼缝平直，缝隙符合要求。

3. 板块地面

（1）石材地面无"返碱""水渍"污染，无色差；

（2）板块地面接缝平直、局部打磨影响光泽美观；板块无崩边掉角、无明显修补痕迹的现象；

（3）板块地面周围无交圈、切角到位、套割严密。

4. 地毯地面

地毯表面平服，无起鼓翘边、图案拼花不细、绒毛顺光不一致现象。

5. 防静电及塑胶地板

（1）防静电地板安装须稳固，竣工后须附上体积电阻率测试报告；

（2）塑胶地板无明显不平、踢脚线无脱胶翘边现象。

6. 栏杆扶手

（1）不锈钢栏杆扶手接缝平顺、表面拉丝均匀；

（2）栏杆立柱固定牢固，玻璃栏板安装平顺、玻璃边缘打磨光滑。

7. 地漏

地漏在地砖或石材（板块）中央。

3.1.2.4　工程总体印象

综合考虑设计实际效果、空间比例尺度、色彩协调、选材合理、使用布局合理性、独特地域文化内涵、防噪声和节能等因素。

3.1.2.5　新材料、新技术、新工艺

对采用新材料、新技术、新工艺方面，企业须提供相应材料说明及依据。

3.1.3 公共建筑类工程现场迎检准备工作

项目经理、工程部创优督导在本工程检查前，要对项目进行一次排查。可用6句话总结归纳：

一个结构：改动或增加结构荷载（钢结构转换层）。

二个试验：10kg以上灯具过载试验与后置埋件拉拔试验。

三个高度：窗台、栏杆防护、玻璃栏板的高度要求。

四个防火：插座、木基层、接线、消火栓箱门的防火要求。

五个距离：喷淋、灯具、烟感、送排风口、扬声器的距离。

六个牢固：台下盆、玻璃顶、玻璃饰面、石材、过顶石、玻化砖固定牢固。

对无法修复整改的问题应进行规避，这就要求项目经理对工程检查提前设计一条迎检线路。现场除确保墙面、顶棚无大面积开裂、木饰面变形、石材地面大面积空鼓等现象外，还应重点关注：

1. 装饰装修常见问题

（1）改动建筑主体、承重结构、增加结构荷载，必须具有经过设计及有关单位认可的文件；

（2）室内墙柱面石材和瓷砖干挂安装牢固以及石材干挂后置埋件的设置合理牢固；

（3）梁底、门洞口上方过顶石；

（4）安全玻璃：顶棚、墙面安装玻璃有效连接（胶粘贴）；

（5）扶手及栏杆、栏板高度达到强制性条文要求，临空落地窗采用护栏、防护固定窗、横档窗框等防护措施；

（6）变形缝：伸缩缝、沉降缝、防震缝与装饰面全部断开；

（7）吊杆禁止混用、木基层涂刷防火涂料、防火墙封堵到位；

（8）地面、墙面湿贴空鼓情况；

（9）地毯、窗帘等符合防火要求；

（10）卫生间无漏水现象，排水坡度地面符合规范设计，门槛石有无止水高度、地漏是否在地砖（块）中央；

（11）木门上下冒头有透气孔、上下有封油及木门铰链的安装要正确。

2. 机电常见问题

（1）大型花灯（10kg 以上）5 倍过载试验，时间 15min 的吊点固定。

（2）安装在公共场所的大型灯具的玻璃罩，应采取防止玻璃罩向下溅落的措施。

（3）吊顶内防火涂料的涂刷情况，局部禁止有裸线现象或者使用 PVC 管的情况。

（4）台盆支架安装有防锈措施，台下盆有钢架支撑。

（5）消火栓门开启灵活、开门见栓、有无明显的标识和开启方向标识，消火栓角度不小于 120°。消火栓内应整洁、墙面侧边应封闭。

（6）开关、插座在木饰面、软包、硬包饰面防火处理到位。

3.1.4　公共建筑类工程资料通病

3.1.4.1　竣工图问题

缺石材干挂、玻璃栏杆、钢结构转换层、过顶石等构造的节点详图。此外，部分工程实体做法与工艺做法不一致。

3.1.4.2　资料规范性

未按要求装订或盖章，复印件模糊不清。

3.1.4.3　隐检资料问题

检查内容缺项、资料内容与实际不相符或与其他文件矛盾、填写不规范或者文件数量不足。

3.1.4.4　技术交底资料问题

护栏、玻璃、过顶石、大型灯具安装缺乏针对性的技术交底，内容不符。

3.1.4.5　材质证明文件资料问题

护栏、玻璃、过顶石、大型灯具安装缺乏针对性的技术交底，内容不符。主要装饰材料的合格证、检测报告应装订整齐附目录，资料字迹清楚可辨识，文件真实齐全，内容准确（注意：资料责任人签字时必须为其本人亲笔签名，不可采用计算机打印。书写时，应采用耐久性强的书写材料。若采用的是复印件时，要与原件内容相一致，并在复印件上注明原件存放处，加盖原件存放处公章，标明经办人签字，保证材料的可追溯性）。

3.1.4.6　复试报告资料问题

木地板、瓷砖、石材、人造木板、壁纸等复试报告欠缺、批次不全、复试报告无原件或复印件模糊不清且未注明原件存档处。

3.1.5　公共建筑类实体工程通病（图 3-21）

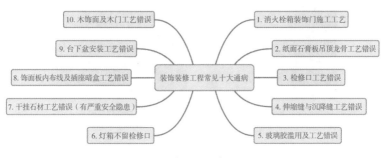

图 3-21　装饰装修工程常见十大通病

3.1.5.1　消火栓箱装饰门施工工艺

1. 消火栓箱使用的基本要求（图 3-22）

（1）箱体位置要符合消防规范要求——由消防施工单位把控。

（2）位置醒目——有醒目的消火栓箱标识。

（3）使用方便——装饰门开启轻松、无阻碍。

（4）箱门开启后，箱体要完全裸露、消防设备取用方便。

（5）箱体四周需封闭，防止窜烟。

（a）消防软管卷盘摆角过小　　　（b）箱体四周和门背未封堵

（c）未采用物理干挂　　　　　　（d）栓口位置错误

图 3-22　消火栓箱门错误做法

2. 相关规定——《消火栓箱》GB/T 14561—2019

（1）消火栓箱门正面应以直观、醒目、均整的字体标注"消火栓"字样。字体不得小于：高 100mm，宽 80mm。如需同时标注英文"FIRE HYDRANT"字样，应在订货时说明。

（2）栓口应朝外，并不应安装在门轴侧。

（3）消火栓箱应设置门锁或箱门关紧装置。

（4）设置门锁的消火栓箱，除箱门安装玻璃以及能击碎的透明材料外，均应设置箱门紧急开启的手动机构，应保证在没有钥匙的情况下开启灵活、可靠。

（5）箱门的开启角度不得小于120°。

（6）箱门开启应轻便灵活，无卡阻现象。开启拉力不大于50N（相当于拉动15mm用5kg的力）。

（7）在选用石材装饰门作为消火栓箱门时，应选择合适的轴承来满足门扇的受力需求，下轴最好的选择是锥形轴承（定位和承重）（图3-23）。

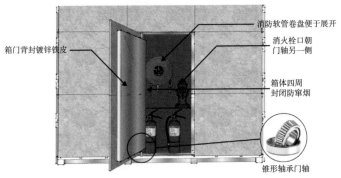

图3-23　消火栓箱门正确做法

3.1.5.2　纸面石膏板吊顶龙骨工艺错误

1. 轻钢龙骨纸面石膏板吊顶常见施工错误

（1）纸面石膏板吊顶表面可见瑕疵，如平整度差、有波浪、裂缝；

（2）纸面石膏板吊顶骨架基础质量隐患，如龙骨安装、造型构造、板面安装出现错误造成板面出现各种问题；

（3）错误的次龙骨安装工艺，如次龙骨自身不固定、次龙骨层不完整、石膏板安装方向错误等（图3-24）。

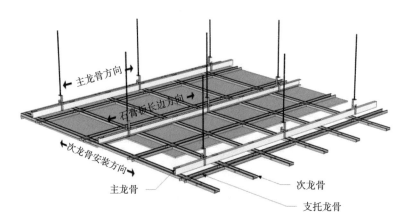

图 3-24　轻钢龙骨纸面石膏板安装方向

2. 轻钢龙骨纸面石膏板吊顶骨架基础控制要点

（1）认真做好深化设计。定好次龙骨方向，满足设备及设备末端安装的需求。

（2）精确放线。保证吊杆垂直于主龙骨。

（3）选用符合设计要求的膨胀螺栓和吊杆，达到承重要求。

（4）必须控制技术参数（图3-25）。

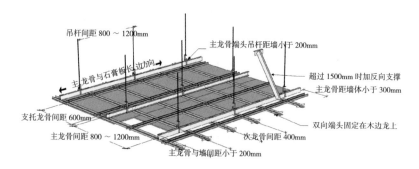

图 3-25　轻钢龙骨纸面石膏板吊顶骨架控制要点图

①吊杆间距：800 ～ 1200mm；

②主龙骨间距：800 ～ 1200mm；

③次龙骨间距：400mm；

④支托龙骨间距：600mm；

⑤主龙骨与墙体间距：小于 200mm；

⑥主龙骨端头吊杆与墙体间距：小于 200mm；

⑦吊杆长度 1500 ～ 3000mm 时，增加斜支撑；

⑧吊杆长度大于 3000mm 时，增加钢结构转换层；

⑨局部品杆间距大于 1200mm 时，增加钢结构局部转换层；

⑩骨架平面中心上起拱 0.3%。

（5）安装纸面石膏板时，纸面石膏板的长边（2400mm 边）与主龙骨平行，与次龙骨垂直。

3.1.5.3　检修口工艺错误

1. 检修口不规范，工艺错误，质量问题占有很大比重。没有做前期策划，检修口随意定位，导致有些检修口根本不能使用或容易破坏。

2. 检修口的正确工艺。

检修口分为上人型与非上人型（图 3–26）。

由于上人型检修口的上人需求，分析得知：人体通过检修口时，给检修口基础传递的外力可以分为三类，即撑、坐、踏才能进入吊

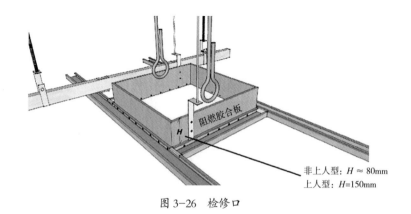

非上人型：$H \approx 80$mm
上人型：$H=150$mm

图 3–26　检修口

顶内，这样就给检修口基础增加了承受人体总量的功能。上人型检修口洞口的最小尺寸是 **400mm×600mm**。

非上人型检修口的要求简单，它不承重，洞口夹板基础只是为了成型、固定盖板，防止洞口四周被撞，尺寸大小随功能需求变化较大，这个做法与空调风口基础做法基本相同。

3.1.5.4 伸缩缝与沉降缝工艺错误

1. 沉降缝是相邻建筑间预留的立体变形空间，特点是在同一空间内的天、地、墙四个面"交圈"贯通形成。伸缩缝是超大或超长的空间中预留的平面变形空间，特点是在单一平面上完成且需要在整个平面上贯通。我们在考虑预留变形位置及变形空间时主要考虑三点：

（1）设置变形缝在合理位置，缝隙宽度满足各方向变形要求。

（2）变形发生时不破坏结构（图 3-27）。

（3）变形发生时不影响外观视觉。

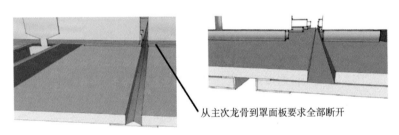

从主次龙骨到罩面板要求全部断开

图 3-27　变形缝

2. 不规范的变形缝：

（1）较长空间没有预留变形缝或变形缝预留不足；

（2）没有配合建筑的沉降要求预留天花变形缝；

（3）建筑变形易发区没有预留变形缝。

3.1.5.5 玻璃胶滥用及工艺错误

由于很多项目施工精度欠佳，使用玻璃胶遮丑的现象比较普遍。加之没有深入分析如何正确使用玻璃胶，使打胶工艺存在较多缺陷。

两个因素叠加后严重破坏了环境美感,所以行业内推广"无胶工程"。

用胶原则:仅在需要粘接时使用玻璃胶,不能用于饰面材料的表面收口。

打玻璃胶的控制重点(图3-28):玻璃胶表面不能超出相邻装饰材料的表面,并且胶面要内凹。尽量做到不在我们视线内,玻璃胶不在明显的位置,这样打胶难度减小,同时也不会破坏装饰面的边缘直线和色彩。

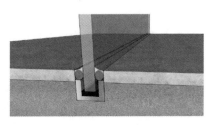

图3-28 打胶工艺

3.1.5.6 灯箱不留检修口

为了取得一定的视觉效果,设计师会在室内设置各式各样的灯箱,在灯箱施工时,除了保证灯箱本身美观无阴影、不漏光、散热外,重点是要做到方便将来使用中的维修。有些灯箱换灯的成本太高了:有割胶的,有拆除表面材料的,更有换灯同时要换灯罩的。由于光源寿命是无法控制的,所以更换光源可能是很频繁的事。应该避免给维修时造成"割胶—换灯—打胶"模式。所以须根据不同的灯箱设计、具体的要求及现场条件,给灯箱留出适用的"维修通道"。

3.1.5.7 干挂石材工艺错误(有严重安全隐患)

1. 干挂石材工艺的三大主要元素:钢架、石材、干挂胶。施工时,须注意干挂石材工艺中的石材与钢架连接的技术问题。不合格的干挂石材工艺存在严重的安全隐患,要坚决杜绝,特别是公共场所的高空间挂石。

2. 干挂石材大样图:

(1)如图3-29(a)所示为标准的干挂石工艺要求,石板厚度

30mm，有了这个尺寸才能保证石板开了挂槽后，不影响槽边的强度。特别是处在地震地区的项目，更要重视这个工艺要求。

（2）如图3-29（b）所示为近些年用得比较多的干挂石工艺，石板厚度一般为20mm。由于石板薄了，又要保证几个重要的技术要求，而这个工艺又基本能满足最主要的——钢架对石板的直接承重要求。

（3）如图3-29（c）所示为一种存在严重安全隐患的工艺，也是现在不少工程项目已经或正在使用的工艺——"全化学固定"工艺，即钢架与石板的连接、受力都依靠胶，而我们的加工环境又不能满足相关的技术要求，加之胶本身的质量、时间效应等因素，脱胶是随时可能发生的。更有甚者连过顶石都采用这种工艺。我们应把握的重点是：选择用"物理"（机械）的方式来解决承重和固定问题。

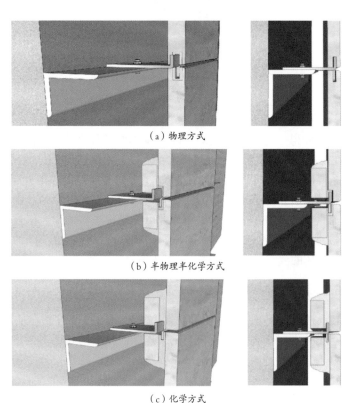

（a）物理方式

（b）半物理半化学方式

（c）化学方式

图3-29　石材干挂大样图

3.1.5.8 饰面板内布线及插座暗盒工艺错误

插座暗盒的安装，常见的错误包括插座和开关的导线线头裸露、固定栓松动、无防火处理措施等。正确的插座暗盒安装工艺如下：

1. 在饰面板内应增加一个暗盒，防止从原建筑墙面预留的暗盒直接引出电线接入开关、插座中。木饰面上安装开关面板应采取防火措施，将开关底盒接触接出，电线应用防火的套管套好，接线处用防火布包住，再将面板固定好（图3-30）。

图 3-30　木饰面内部底盒防火要求

2. 与饰面板相连的暗盒应加防火垫片（图3-31）。

3. 引入新增暗盒中的电线应加装防护套管，电线不得裸露（图3-32）。

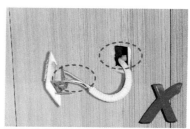

图 3-31　增设防火垫片　　　　图 3-32　无底盒且套管不到位

注意：木饰面、软包等易燃装饰面上安装开关插座，应采取防火措施。接线盒落在装饰面内，应采用相应的金属套框加出与木饰面基本平齐，加不了套框或套框不到位的，应辅以防火布。套框与底盒应用螺钉做可靠电气连接，以保证接地的连续性。

3.1.5.9 台下盆安装工艺错误

由于台下盆安装的固定是隐蔽的，须考虑以下三个要素：

1. 如何固定牢固；

2. 方便更换；

3. 美观实用。

固定方式应采用"物理固定"的形式而非"化学固定"的方式（图3-33）。

（a）支托盆腹处易龟裂

（b）金属托架未做防腐防锈

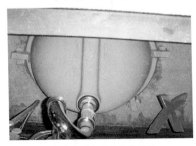
（c）化学粘结盆体易脱落

（d）支托方式及位置正确

图3-33 台下盆"物理固定"工艺

3.1.5.10 木饰面及木门的工艺错误

防潮工艺处理不到位，经常会出现一些门框脚在保修期内受潮变质。

正确的做法是：除了做好基本的防潮油漆外，让木基层和木饰面完全脱离地面，基础高出地面完成线 5mm，木饰面下口在地面完成线上 1 ~ 3mm。卫生间木门框落在门槛石上面，门槛石高出卫生间地面 8mm，如此基本保证木质材料不受到水的侵害。对 3mm 的缝隙可以采用打胶封闭，且要求不超出墙饰面（图 3-34）。

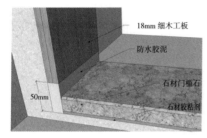
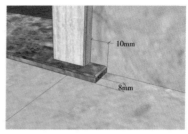

图 3-34　木门防潮工艺

3.2　建筑幕墙类

3.2.1　幕墙类工程资料复查内容

3.2.1.1　必要文件

必要文件须审查原件，若必要文件有一项不合格或不符合要求，取消评审资格。

1. 企业法人营业执照（原件）、施工安全生产许可证（原件）、资质等级证书（原件）。

2. 项目经理注册建造师证书（原件）。

3. 施工合同（原件）、合同金额、结算金额。

4. 总体工程竣工验收报告（原件）、幕墙子分部竣工验收单（原件）。

5. 消防验收资料（原件）。提交申报资料时以原件为主，如申报单位留存复印件，要落实原件存放处，确认检查中能提供原件。

要求工程名称、验收范围、消防部门公章、日期必须齐全，结论为合格。验收意见书中提出的整改意见如涉及装饰部分应有复查记录。

6.工程消防验收文件或备案文件（原件）。

3.2.1.2 严格禁止的技术与产品

建筑幕墙落后技术与产品是指：存在安全隐患的技术与产品；现场制作环境污染严重的技术与产品；高能耗的技术与产品。具体内容包括：

1.推荐采用单元式建筑幕墙。

2.玻璃幕墙严禁采用四边大小片中空玻璃构造。

3.玻璃幕墙开启扇严禁使用旋压锁，推荐使用多点锁；隐框开启扇中空玻璃中的结构胶与副框结构胶至少必须有一组对边位置重合；挂钩式开启扇必须有防脱落措施；开启扇尺寸不宜超过 1.5m²；开启扇尺寸严禁超过 2m²。

4.石材幕墙严禁采用 T 型挂件和背挑挂件（亦称为背插式或斜插式）；石材幕墙严禁采用单纯胶粘连接构造，推荐采用机械连接构造；采用开缝石材幕墙不宜采用短槽式构造。

5.不宜采用倒挂石材吊顶；采用单排石材吊顶时，应采取有效的防石材坠落措施；严禁大面积采用倒挂石材吊顶。

6.严禁在建筑幕墙上采用胶粘连接装饰构件。

复查时应注意，上述 6 条内容为严格禁止的技术与产品，凡采用上述技术与产品的参评单位，一律取消参评资格。

3.2.1.3 竣工图设计文件

1.竣工图设计说明。内容包括：

（1）设计依据、设计标准；

（2）幕墙类型、幕墙物理性能、节能性能；

（3）所用材料的牌号、规格（包括节能、保温材料）、标准和设计要求、五金附件标准、加工制作技术要求等。

2.竣工图纸。内容包括：

（1）工程所有幕墙的节点目录、材料目录，平面、立面、剖面图，主要节点图（包括防火、防雷节点、封口节点等）、构件图等；

（2）幕墙设计应符合相关规范要求，幕墙节能工程的设计要求等；

（3）图纸应正确完整、清晰统一，审批手续齐全并盖有竣工图章；

（4）开启扇与横梁的剖面图，开启扇与左右立柱横剖面图，开启扇与上下立柱横剖面图，预埋件图，型材截面图；

（5）立柱横梁连接节点，插芯安装节点，立柱与主体结构上下安装节点及封修节点，内外阴阳转角节点，沉降缝节点，预埋件与主体结构连接节点等。

3. 复查时，应注意结构胶有无标注厚度和宽度、隐框或半隐框中空玻璃结构胶有无标注胶深度、受力焊缝高度和长度、后置锚栓（石材背栓）抗拔设计值。

3.2.1.4 幕墙结构和热工计算

1. 建筑幕墙结构计算书。内容包括：

（1）正确、合理选择设计计算参数（风荷载、地震作用、自重等计算参数）计算和作用效应组合计算；

（2）正确选择计算单元，受力分析清晰；

（3）正确合理的材料力学特性取值；

（4）工程所有幕墙类型都有计算；

（5）计算项目齐全、完整不缺项[面板强度、挠度计算，结构胶宽度、厚度计算，所有连接件都进行强度计算，预埋板及锚筋面积(弯、拉)的计算，焊缝长度、高度、宽度计算]，并有明确的结论，满足工程设计要求。

2. 建筑幕墙节能设计与热工计算书。内容包括：

（1）正确、合理选择设计计算参数，如气候分区、朝向、窗墙面积比、透明和非透明幕墙，建筑幕墙热工性能满足建筑节能设计指标要求；

（2）建筑幕墙热工计算符合《建筑门窗玻璃幕墙热工计算规程》JGJ/T 151—2008 的规定，玻璃幕墙具有玻璃光学热工性能、节点传热二维有限元计算、单元幅面及各朝向幕墙幅面计算结果；

（3）寒冷和严寒地区进行结露性能评价计算；

（4）正确选择热工计算单元；

（5）正确合理的材料热工参数取值；

（6）工程所有幕墙类型都有计算；

（7）计算项目齐全、完整不缺项，并有明确的结论满足工程设计要求。

3. 复查时，应注意以下内容：

（1）有意放大型材截面系数、压弯构件未进行稳定性验算；

（2）计算报告没有审批手续或盖章；

（3）计算没有明确结论或不能满足工程设计要求；

（4）寒冷和严寒地区不进行结露性能评价计算；

（5）寒冷和严寒地区建筑幕墙工程所有幕墙类型图纸中有明显热桥。

3.2.1.5 幕墙主要材料选用及质量要求

1. 工程所用材料都有合格证，其中重要材料，如受力型材（铝型材、钢材）、面板（玻璃、铝板、石材等），受力构件和紧固件（转接件、预埋件、受力螺栓、化学螺栓等），密封胶条等应提供质量保证资料或性能检测报告。

2. 硅酮结构胶、耐候密封胶应按国家、行业有关要求采购、使用；供应厂家提供合格证和性能检测报告等。

3. 同一工程应采用同一品牌的硅酮结构密封胶和硅酮耐候密封胶配套使用。

4. 幕墙节能工程使用的保温隔热材料，其导热系数、密度、燃烧性能符合设计要求。幕墙玻璃的传热系数、遮阳系数、可见光透射比、中空玻璃露点符合设计要求；隔热型材的抗拉强度、抗剪强度符合标准要求；透光、半透光遮阳材料的太阳光透射比、太阳光反射比符合设计要求。

5. 幕墙用材料应进行入库检查，没有合格证或未经检验合格的材料不得使用；重要材料使用前应进行复验。

6. 进口材料及五金附件等应有商检报告。

7. 复查时，应注意以下内容：

（1）玻璃肋支撑点驳幕墙的玻璃肋未使用钢化夹胶玻璃；

（2）施工现场打结构胶（全玻幕墙除外）；

（3）石材幕墙中仍使用云石胶；

（4）玻璃光学热工性能检测报告；透光、半透光遮阳材料光学性能检测报告；中空玻璃露点检测报告。

3.2.1.6　幕墙性能检测及材料的复验

1. 幕墙建筑物理性能检测报告。

2. 材料复验：

（1）主要受力型材（铝型材、钢材）面板（铝板、铝塑板）材料的复验报告；

（2）主要受力螺栓、化学螺栓力学性能检验报告等；

（3）连接件、预埋件的焊缝质量检测报告；

（4）石材的抗弯强度检测报告；

（5）后置埋件现场拉拔检测报告等。

3. 硅酮结构胶、耐候密封胶的相容性、粘结性试验报告。

4. 隐框、半隐框板块的实物剥离试验。

5. 淋水试验记录。

6. 防雷检测报告。

7. 复查时，应注意以下内容：

（1）工程并非所有幕墙做建筑物理性能检测。

（2）使用后置埋件时，现场拉拔力检测报告：

1）后置埋件现场拉拔力未检测或检测数量不达标；

2）用背栓连接的石材幕墙，未做背栓抗拔力检测或检测数量达不到规定要求；

（3）硅酮结构密封胶在省级以上主管部门认可的检测机构做的胶的相容性、粘结性试验报告；

（4）做耐候密封胶的相容性检测；

（5）石材幕墙密封胶的污染性检测；

（6）石材应做的抗弯强度复验；

（7）板块实物剥离试验、淋水试验或防雷检测等。

3.2.1.7　板块加工、组装质量

1. 每批、每种规格的单元板块组件出厂合格证和检验记录。

2. 每批、每种规格的隐框、半隐框玻璃板块合格证和检验记录。

3. 复查时，应注意以下内容：

（1）隐框、半隐框玻璃板块每批次的打胶记录（应记录结构胶的牌号、批号、生产日期、有效期、净化剂、打胶日期、操作者）（温度、湿度、双组分胶的拉断、蝴蝶试验记录、养护记录等）缺项；

（2）相容性试验注明需要底漆的而未实施。

3.2.1.8　幕墙节点及连接质量

1. 幕墙各连接牢固、可靠，隐蔽工程符合图纸要求。

2. 隐蔽工程记录真实、齐全，并经监理单位签字认可（隐蔽工程包括：预埋件或后置螺栓连接；构件与主体结构连接；立柱与横梁的连接；伸缩缝、沉降缝、防震缝、上下和侧面封口节点；防雷节点及防火、隔烟节点、板块的固定和单元式幕墙封口等）。

3. 安装质量检查记录：

（1）铝合金框架构件安装质量记录：隐框 (半隐) 玻璃幕墙记录；点支承幕墙安装质量记录；金属、石材幕墙安装质量记录等；

（2）点支承幕墙张拉杆索体系预拉力张拉记录；

（3）幕墙质量自评表；

（4）幕墙的观感检查记录。

4. 现场检查：

（1）幕墙的外观质量符合要求；

（2）面板平整，胶缝、装饰线条横平竖直；

（3）面板无污染、破损，五金附件无锈蚀；

（4）开启窗门密封性好、开启灵活等；

（5）工程质量无安全隐患等。

5. 复查时，应注意以下内容：

（1）安装质量检查记录不全或记录不真实；

（2）幕墙周边封口不严实，不平整；

（3）密封胶缝存在横不平、竖不直、不平滑、不密实；

（4）开启窗下沉、铰链用铝抽芯铆钉连接、中空玻璃存在大小片现象、开启不灵活；

（5）连接件、驳接爪等钢件有较严重的锈蚀；

（6）石材幕墙面板色差大、中空玻璃丁基胶流泻、石材幕墙胶缝污染严重；

（7）隐框、半隐框玻璃幕墙板块底部未加玻璃托。

3.2.1.9　新材料、新工艺、获得专利

工程建设过程中所采取的新材料、新工艺、获得专利等。

注：以下内容为往年报奖申报资料初审否定项：

1. 缺《工程验收合格备案证书》。

2. 缺《建设工程消防验收意见书》。

3. 缺《新建建筑物防雷装置检测报告》。

4. 缺建筑幕墙（或采光顶）任一分项的五性检测报告（气密性、水密性、抗风压性能、平面变形性能、保温性能）或缺金属屋面抗风揭性能检测报告（代替抗风压性能）。

5. 缺《硅酮结构密封胶相容性和粘接性试验报告》。

6. 后锚固工程缺《锚固栓拉拔试验报告》。

7. 结构计算书和热工计算书缺项，计算无明确结论或有严重错误，存在安全隐患。

8. 竣工图纸缺项或签字手续不全。

9. 隐蔽工程记录缺项或隐蔽验收记录中存在严重的质量隐患。

10. 工程交付使用时间不足 1 年。

11. 无业主意见。

3.2.2　幕墙类工程实体复查内容

主要复查内容：

1. 工程范围、工程规模（单体工程）的符合性审查。

2. 安全性、使用功能和感观效果的符合性、合规性、可靠性、系统性检查。

3. 应关注的安全性问题和常见通病。

安全性：板块破损脱落状况、防火、避雷等；幕墙与主体连接方式及情况，结构的安全性，如主次龙骨稳定性，构件和板块规格及变形、表面锈蚀，构件之间连接状况，装饰部件连接；开启肩构造；

檐口部位幕墙板块状况；雨篷、采光顶、金属屋面等部位。

功能性：密封性、保温隔热构造、幕墙与主体结构的封堵、勒脚处理；变形缝的处理。

感观效果：幕墙平面度垂直度、板缝直线度均匀度、注胶饱满均匀程度和连续性、面板或胶缝污染情况、板块阶差、构件和板块缺陷、细部处理、饰面板块色差、变形等情况；阴阳角转接效果、构件或部位的加工制作精度。

玻璃幕墙：玻璃安装部位及破损情况、索杆张拉状况、开启扇安全性和使用性能、开启角度、结构胶粘接状况、玻璃板块安装的装配间隙；爪件角度安装偏差、支承装置牢固性、驳接头部位的密封处理。

其他幕墙：石材或非金属人造板安装部位、石材或非金属人造板造型及装饰线条、金属板翘曲、板块变形等。

其他：材料材质。

3.2.3　幕墙类现场迎检准备工作

3.2.3.1　预迎检准备

项目经理、工程部创优督导在本工程检查前，要对项目进行一次排查。排查内容归为三大类、八小项。

第一类：对施工单位和工程主体资格的合规性进行核查：

企业资格及工程必备资料。

第二类：对实体工程质量和工程质量竣工资料的核查：

1. 竣工图。

2. 建筑幕墙结构和热工计算书。

3. 幕墙主要材料进场报验及其质量保证资料。

4. 构件和组件加工制作记录和质量保证资料。

5. 安装过程质量验收记录和感观资料。

6. 感观和现场实体质量。

第三类：对采用新材料、新工艺应用情况进行核查：

工程采用的新材料、新工艺记录。

3.2.3.2 现场复查注意事项

现场复查应关注的安全性问题和常见通病：

1. 幕墙整体感观效果。

2. 表面平整、洁净、无缺损裂纹及明显色差。

3. 胶缝深浅一致、宽窄均匀光滑顺直。

4. 装饰线横平竖直、接口处平整严密。

5. 开启扇、门等密封性能良好、开启灵活。

6. 五金件无锈蚀、无缺损。

7. 隐框幕墙开启扇应加托条。

8. 采取有效的节能措施。

9. 无违反现行标准强制性条文的设计或施工项目。

10. 无质量安全隐患（有严重安全隐患一票否决）。

3.2.4 幕墙类工程资料通病

3.2.4.1 设计文件

常见合规性、适宜性、符合性问题：

1. 计算模型简化、建筑物设计参数、材料设计参数、荷载取值及组合。

2. 采用有限元计算、无输入条件、无输出结果。

3. 热工计算不分朝向、忽略非透明部位的计算、缺少节点传热二维有限元计算。

4. 重要的连接计算、开启扇设计、后锚固设计、结构胶计算。

5. 防火封堵设计、钢材防腐设计、造型部位设计及计算符合性。

3.2.4.2 材料报验资料

1. 常见的合规性、符合性、系统性、充分性问题。

2. 材质证明文件（壁厚、表面处理、力学性能、化学成分）、合格证报验数量、报验内容不足。

3. 复验报告缺项（玻璃、铝板、受力螺栓、钢拉索或拉杆、连接钢件）。

4.结构胶相容性报告（打底漆、无底漆进货）、雨篷用化学栓（无进场记录）等。

3.2.4.3　加工组装记录

1.常见的符合性、系统性、充分性问题。

2.打胶记录（单组分胶牌号、混匀性试验、双组分胶无扯断试验记录；打胶记录数据不充分、无打胶规格、无胶的牌号和失效期；打胶规格与设计计算、图样要求不符，低发泡间隔双面胶带规格、涂底漆记录）。

3.养护记录（缺少养护时间，或无可追溯性）。

4.板块出厂合格证或检验记录。

5.单元幕墙板块（缺部件组装记录、板块和装饰构件组装记录、保温系统组装记录）。

6.石材幕墙（缺背栓和子挂件安装记录、石材防护记录）。

3.2.4.4　幕墙性能检测及材料的复验报告

1.五性检测不只针对玻璃幕墙，应全面；选取的试件，应选取最不利位的，且分格、支承方式和支承跨距应与实际一致；性能指标应满足设计要求。

2.后置埋件锚固螺栓的现场拉拔试验报告检验项目与检验数量应充分（一种螺栓、一个部位、一种埋件）不能代表全部。所有规格（螺栓和埋板）不同的须做相关复试，检验数量应符合《混凝土结构后锚固技术规程》JGJ 145—2013；检验结果应满足设计要求，图样中没有明确的，应从计算书中获取数据。

3.连接材料。常缺一、二级焊缝的探伤检验报告，结构胶相容性试验报告（型号、相关材料、清洁剂、底漆与进场材料、加工记录），重要连接螺栓的复验报告，钢材的表面处理涂层质量复验记录。

4.材料与复验报告、设计要求的符合性问题（关注检测结果，要满足设计要求，与进货资料保持一致）。

3.2.4.5 幕墙节点及连接质量、安装质量常见的符合性、系统性、充分性问题

1. 缺隐框玻璃板块的固定隐检验收记录、转角节点隐检验收记录，伸缩缝、沉降缝、防震缝节点隐检验收记录，缺幕墙四周、幕墙内表面与主体结构之间的封堵隐检验收记录。

2. 缺感观验收记录。

3. 隐蔽验收记录填写应符合设计要求，与材料报验记录协调，焊接栓接不应混淆。

4. 检验批数量应与幕墙规模相适应。

3.2.4.6 工程新技术应用情况核查要点

1. 应提交专家论证的方案和论证意见。

2. 重点关注意见结论和建议是否在实际设计施工中贯彻。

3. 检验试验报告的参数和结论。

3.2.5 幕墙类实体工程通病

3.2.5.1 幕墙系统水密性、气密性能不符合要求（结构漏水、漏风）

1. 原因分析

（1）幕墙系统结构设计不合理，节点设计不合理，板块结构设计不合理；

（2）使用材料不合格；

（3）材料工厂加工精度及质量把控不严；

（4）现场安装质量不好，施工工序不合理、工艺方法不当以及施工人员人为因素造成。

2. 解决方案

（1）招标时选择好的幕墙单位；

（2）在方案设计论证时应重点研究防漏水方案和防水材料的选用，充分利用幕墙顾问公司审图，优化设计方案；

（3）深化设计时严格审核防水节点，不能过分相信顾问公司，必须严格把关；

（4）做好技术交底、严格执行施工样板管理；

（5）加强材料进场验收和质量把关；

（6）施工措施和安装工艺要科学合理；

（7）做好隐蔽工程验收和各部位的专项验收记录；

（8）幕墙结构漏水一般出现在采光顶、女儿墙以及不同结构和界面的交接部位，譬如铝板与石材交接部位、单元板块十字接缝、幕墙翻窗和雨篷排水沟边缘等处都应重点检查和管理。

3.2.5.2　横竖框的安装精度质量问题

1. 原因分析

（1）测量放线出现误差；

（2）基准层安装定位不精确；

（3）与主体的连接出现超差或累积误差超差；

（4）竖框与竖框的连接出现超差或累积误差超差；

（5）竖框与横框的连接出现误差超差等。

2. 解决方案

（1）制定合理放线方案和控制放线精度；

（2）选用先进设备；

（3）控制安装质量，选择好的施工队伍和幕墙管理班子。

3.2.5.3　饰面的质量问题——饰面不平和波光反射

1. 原因分析

（1）工厂加工精度及质量把控不严，饰面材料本身不平，平整度超差；

（2）铝板应力变形，石材晶格蠕变产生变形，玻璃钢化产生波浪等材料不平而产生不均匀反射；

（3）玻璃后衬板不平；

（4）现场安装质量，横竖框安装的精度问题，饰面安装定位不准，压块压紧力不够。

2. 解决方案

（1）方案设计和深化设计合理减小分格尺寸，使材料大小均匀，降低加工和安装难度；

（2）招标时限定材料品牌，选用和限定技术能力好的材料加工厂；

（3）做好质量监造，把好材料出厂关；

（4）做好材料运输、储藏和安装过程中的管理，铝板、石材和玻璃的运输、储藏尽量不要堆叠过高，应采用直立码放，底部垫软木方；

（5）严格施工样板先行制，加强现场质量检查和验收。

3.2.5.4 饰面的质量问题——密封打胶的质量问题

1. 原因分析

（1）饰面板块之间的距离及平整度不好影响胶缝宽度；

（2）横竖框安装的精度不好直接影响饰面胶缝宽度等质量；

（3）接缝处中没有填塞泡沫条或填塞与接缝宽度不相配套的泡沫条，影响胶缝厚度；

（4）打胶工技术不熟练或责任心不强。

2. 解决方案

（1）选择好的施工队伍和幕墙管理班子；

（2）严格施工样板先行制，对打胶工培训、考核上岗；

（3）控制安装质量，加强质量检查和验收。

3.2.5.5 饰面的质量问题——石材缺棱掉角

1. 原因分析

（1）石材加工设计或安装方案不合理，易损坏；

（2）加工厂出厂检验把关不严；

（3）出厂装箱方式不对或出厂运输保管不妥当；

（4）安装管理不到位，保管搬运不当或安装过程中造成磕碰损坏。

2. 解决方案

（1）优化设计方案，尽量选用强度大的石材，设计厚度应尽量大于或等于30mm；石材断面开槽方案设计及深化设计时，尽量避免距外边缘厚度或距离过小、采用通槽的情况；

（2）驻厂监造，把好出厂关；

（3）石材运输、现场存放、安装等过程，应轻拿轻放，石材底部垫软木方；

（4）加强材料进场质量检查和验收；

（5）控制安装质量，选择好的施工队伍和幕墙管理班子。

3.2.5.6　饰面的质量问题——饰面色差

1. 原因分析

（1）材料出厂质量不好，石材加工没有预先排版；

（2）材料分批加工（玻璃不是同炉号，铝板不是同批次喷涂或应力变形，石材不是同矿脉）；

（3）材料后期变形，玻璃钢化产生波浪或石材晶格蠕变产生变形；

（4）饰面分格板块平整度超差；

（5）玻璃后衬板不平；

（6）安装管理不到位，没有预排版。

2. 解决方案

（1）招标时选择好的幕墙施工单位，严格要求饰面质量标准，限定材料品牌和加工厂家；

（2）驻厂监造，做好厂家石材预排版，把好出厂关，尽可能将石材毛料一次性订货加工；

（3）减少铝板订货批次，减少喷涂影响，并尽量缩短安装周期，减少氧化褪色的影响；

（4）玻璃配色或参数配置技术要求较高，尽量限定技术能力好的玻璃厂家，并尽量将玻璃原片一次订货加工，控制玻璃深加工质量；

（5）加强材料进场和安装前质量检查及验收，有条件的尽量做好石材现场预排版。

3.2.5.7　震动和噪声

1. 原因分析

（1）幕墙系统结构设计不合理（窗或开启扇分格过大，锁点较少，幕墙型材截面尺寸小和壁厚较薄时）；

（2）现场安装工艺不当，工序不对，造成材料（胶条或泡沫海绵）缺失；

（3）安装管理不到位，安装质量不合格（层间封修质量不好，竖框伸缩缝处没有打胶，竖框和横框间没有打胶，转接件与竖框间缺失垫片或安装有缝隙，玻璃与框间缺失垫块，石材幕墙缺失垫片等）。

2. 解决方案

（1）招标时，选择好的幕墙单位、施工队伍以及幕墙项目管理班子；

（2）充分利用幕墙顾问公司审图，优化设计方案（减少或将开启扇变小，增加五金件锁点）；

（3）在视观模型或设计样板检查和确定时及时找出不合理的结构缺陷或加工工艺缺陷；

（4）通过施工样板发现施工技术质量问题，严格把控质量标准，并加强安装质量检查和验收。

3.2.5.8　材料不符合要求

1. 原因分析

（1）设计和招标时考虑不周，造成材料定位模糊。

（2）材料质量不好。幕墙加工厂为节约成本没有按合同约定品牌定料加工，或降低技术标准，没有按规范和图纸要求（材料成分、加工等级和质量标准）加工采购材料。

（3）材料运输和现场管理不严造成二次破损。

（4）材料报样及进场验收管理不到位。

2. 解决方案

（1）招标时选择诚信度好的幕墙单位；

（2）招标时严格把关，写好技术要求，严格限定材料品牌和做好招标审核工作；

（3）避免施工单位技术性降低标准，深化设计时严格审图，要求将材料（型号、规格、配置和成分等）标注清楚；

（4）做好招标时材料报样和确认工作；

（5）加强材料进场质量检查和报验验收工作，做好施工过程材料的质量检查和验收。

3.3 公共建筑装饰设计类

装饰设计类复查内容：

1. 必要文件

必要文件须审查原件、若必要文件有一项不合格或不符合要求，取消评审资格。

（1）企业法人营业执照（原件）、设计资质等级证书（原件）。

（2）主要设计人员技术职称证书（原件）。

（3）设计合同（原件）、合同金额、结算报告及金额、设计审核意见书。

（4）用户意见（原件）。

2. 图纸文件

图纸文件能达到建设方要求呈现的效果，满足施工需要，且符合国家强制性标准。

图纸文件主要包括：

（1）方案设计图纸及说明。方案总体设计应布置合理、设计构思新颖、风格独特，在绿色节能环保方面须有所创新。

（2）施工图设计说明。

（3）施工图纸。施工图纸要求符合国家强制性标准，签字、盖章、审批手续齐全完整。

其中，施工图纸内容包括但不局限于以下内容：

1）工程所有的平面、立面、剖面图，主要节点图、构件图等；

2）所有专业图纸（包括装饰装修、暖通、空调、给水排水、强弱电、建筑智能化）；

3）图纸应完整、清晰，审批手续齐全并盖有出图章。

3. 节能技术、新材料、新工艺

采取的有效建筑节能措施，工程采用新技术、新工艺并提供有效文件的证据文件。

4.主要复查内容

（1）总体印象：总体设计是否成功、完美，有推荐意义。

（2）设计创意与实现：有无原创设计，创意是否新颖，艺术风格、手法是否独到且项目实施过程能忠实呈现设计原创。

（3）功能合理：设计是否合理，有无满足基本功能要求，是否通过成功设计改造提升功能合理性。

（4）设计复杂性：设计内容复杂程度，是否需要多专业共同参与，方案及施工图图纸难度是否较大，有无设计攻关过程且妥善解决。

（5）科技含量与新技术运用：设计中有无合理运用科技手段，在环境再创造中特别注重新技术、新材料、新工艺的使用。

（6）色彩效果及灯光效果：是否符合国家颁布的照度标准，保证各室内空间有合适的照度。能否营造良好的艺术氛围和改善空间观感。

（7）生态环保：设计方案有无全面注重环保，在满足使用的前提下重点关注生态，并在节能减排、循环利用等方面有所突破。

（8）设计服务及设计变更：设计师是否具有使命感、职业责任心，有无准确的实现方案，现场交底及现场服务是否到位，设计变更对原有设计有无提升作用。

（9）消防与安全：设计是否满足消防和安全规范。

3.4 创优工程专家复查

3.4.1 迎检准备

公司管理层应重视迎检准备工作，从人员安排、资金投入、资料准备、取得建设单位支持、工程维修整改等方面给予足够的支持，并尽可能亲自参与。

3.4.1.1　现场推演

项目经理、公司工程创优督导在专家组复查前，对照公共装饰类和建筑幕墙类应关注的常见问题和通病，对复查时可能行进的路线、抽查的部位进行预先规划，对影响感观的问题（如石膏板开裂、墙纸开缝、筒灯脱落、插座松动、玻璃镜子破裂、渗漏、乳胶漆污染等），提前进行修复整改。检查日的前一天，预约确定建设单位代表配合迎检。同时，联系使用单位，尽量保证所申报范围内的每个区域都能进入检查，以免检查部位及数量不达标而导致工程无法获奖。现场可适当布置一些欢迎条幅、引导牌等。

3.4.1.2　资料复核

严格按照前文所总结的工程资料复查内容和标准准备报优资料，禁止出现前文已总结的各种资料通病。

以下两种方法为专家组历年复查工程资料时的方法：

1. 环形数据检查法。由于资料类型、内容及完成文件的人员不相同，经常会发现不一致的现象。通过各项资料中共同的材料种类、型号或描述的做法之间寻找矛盾点，这也是发现资料问题最直接的方法（图3-35）。

图3-35　环形数据检查法

举例：某室内商业广场，各楼层边缘栏杆采用的是平面钢化玻璃，技术交底记录中注明玻璃厚度为 11mm，材质证明文件包括 11mm、12mm、15mm 三个型号的检测报告，竣工图上标注的是 15mm 厚。

根据环形数据检查法可以轻易得知，平面钢化玻璃的厚度在技术交底、材质证明、竣工图三份资料中前、中、后不一致，资料造假痕迹明显。

2. 时间轴数据检查法。根据施工工序，从材料进场、复验、施工记录、隐蔽验收、分项验收到竣工验收，以时间轴为主线发现资料的矛盾点，找出资料的错误之处（图 3-36）。

图 3-36　时间轴数据检查法

举例：某办公楼装修工程为饰面砖墙面，施工日志记录饰面砖材料进场报验日期是 8 月 25 日，复试报告日期是 8 月 20 日，而墙面分项工程验收日期是 9 月 15 日，墙面隐蔽工程验收日期是 9 月 10 日。

按照时间轴数据检查法可知，材料复试报告时间与材料进场报验时间相矛盾、墙面分项工程验收时间和隐蔽工程验收时间前后关系颠倒，不符合工序逻辑。

在准备复查资料过程中，可通过以上两种方法检验自查资料的完整性、正确性。

3.4.1.3　会场准备

现场须安排一间会议室，用于专家组听取汇报和检查资料，并安排好专人做好接待工作。检查当日，所有项目人员和各专业人员必须全体出席并提前到场，提前熟悉自己的工作内容。根据需要，会议室可布置座席卡和适量鲜花、茶水、果盘等，并提前调试好音响、计算机、投影仪等会议设备及演讲用 PPT（演示文稿）或影像资料。

3.4.1.4　接待保障

与地方装饰协会确定复查日期及专家人数后尽早预订好酒店，标准三星级以上，宜每人一间大床房。申报工程为高档酒店的，应尽量安排在申报的酒店入住。迎检、接送专家的人员和车辆应按约定的时间提前到达，不应迟到，接送专家的车辆应车况良好，座位不宜太挤，行驶时应注意安全。招待就餐，应尽量距离复查现场不要太远并事先做好准备工作，尽量节约专家组的就餐时间。

3.4.2　现场复查工作流程及主要内容

召开工程复查会议，一般国家优质工程检查的程序：听汇报→做专访→看现场→查资料四个步骤。

1. 听汇报：首先听取施工企业对申报工程的有关内容进行汇报，汇报可分为口头结合书面、演示文稿或视频文件等形式。汇报内容主要包括：

——工程概况：主要介绍工程施工范围（楼层及主要工程区域、是否包括水电安装等）、工程建筑面积、装修面积、层高、合同价、结算价、开竣工时间、有无甲方直接向第三方分包的施工内容、甲供材情况等基本情况。

——难点、特点、亮点：讲透工程的难点、特点、亮点主要有哪些，施工工程质量控制情况、过程怎么克服难点，设计怎么展现特色。

——四新技术应用：主要介绍新技术、新工艺、新设备、新材料等方面的应用情况，对创新点、推广点的介绍要重点突出，不要面面俱到、广泛空洞。

——其他：介绍节能环保材料和技术应用情况，工程已获"QC、工法、市优、省优、科技创新"等奖项情况。

汇报时间应控制在 10 ～ 15min，书面汇报材料应事先打印好，专家组人手一份。

2. 做专访：专家组与建设单位进行单独交流沟通。了解建设单位（或使用单位）对申报单位及申报工程的评价，工程合同施工过程中是否发生过生产安全事故，交付使用后有无严重质量缺陷或安全隐患，申报单位后期保修、服务情况等。为保证建设单位（或使用单位）代表能公正、客观地介绍有关情况，此时申报单位应主动回避。

3. 看现场：现场检查采用抽样检查的方式进行。原则上，不同功能的楼层每层都要检查，标准楼层则由专家组抽选一定数量的楼层检查。须特别重视关于安全隐患、消防，以及国家强制性规范和标准执行，对不合格项实行一票否决。对竣工后无法进行现场检查的工程，取消评审资格。

为便于专家组检查，应事先准备好相关质量验收器材及梯子和螺丝刀、手电等工具。

4. 查资料：结合工程现场检查的实际情况，对照国家优质工程资料核查要点，对竣工图、施工组织设计、技术交底、技术复核、材质证明、隐蔽工程验收、工程验收等工程资料进行贯穿性复核（如抽取竣工图中某关键部位的节点为着手点，复查施工中与结构安全、使用安全有关部位的验收资料与质量保证资料的真实性、完整性和可追溯性）。

申报单位应提供现场复查所需的必要文件的全部资料，如果有一项不合格或不符合，则取消所申报工程的评审资格。工程资料满分为20分。复查时，如果该项得分低于10分，也将取消所申报工程的评审资格。

最后，由检查组与申报单位在现场检查后召开座谈会，进行工程点评。专家组进行内部沟通，形成综合评价并撰写复查记录表。专家组讲评时，建设单位（或使用单位）代表可以不参加。

3.4.3　现场复查注意事项

应答有底数。优良工程在检查过程中，专家经常会问一些"有无结构改动、有无设计变更"的问题。对此，创优单位陪同人员要心中有底，资料中无反映的不要说有，资料中有反映的一定要找到可追溯的有利凭证。

沟通重技巧。接待过程中要热情周到、不卑不亢，尽量用事实和证据说明问题。对专家在检查或点评时指出的不足之处，应认真听取、虚心接受，不作无谓的辩解，尽量给专家组留下良好的印象。